KB236282

정석일본요리

서 재 실 저

머리말

우리 인간이 생명력을 유지하는 데 있어서 가장 중요한 세 가지가 의·식·주라고 생각합니다. 그 중에서도 '식'이라고 하는 먹는 문제는 오늘날의 눈부신 과학의 발전에 원동력이 되었다고 보여집니다.

역사적으로 각 나라의 식문화가 고유한 가치를 추구해 오면서 발전했지만 삶거나 익히거나 굽는 요리들에 원초적 근간을 두고 발전해 왔다고 보면, 생식을 하는 식문화는 그리 흔치 않은 일이라 사료됩니다. 소위 생선회나 생선 초밥 등은 생선 그 자체를 날것으로 취식하는 점 때문에 새롭게 받아들여지기도 했습니다. 그러나 현재는 세계 10대 요리에 생선초밥이 끼일 만큼 인종을 초월한 여러 나라의 사람들이 즐기고 있는 현실이 되었습니다.

우리나라에서도 공식적인 기록으로 보면 일본요리가 상륙한 지 100여 년의 역사를 갖고 있습니다. 물론 역사적인 아픔 때문에 일본요리를 배척하는 현상도 있었던 것으로 압니다만 음식이라고 하는 식문화 그 자체에 대한 인식의 전환이 있어야 일본요리를 이해하는 데 도움이 되리라 생각됩니다. 그런 연유로 이번에 학교와 현장을 오가면서 느끼고 익혔던 부분들을 하나의 묶음으로 선보이려 합니다. 양목표에 의한 조리와 누구나가 쉽게 접근하여 현장감 있는 멋을 느끼게 하는 데 주안점을 두었습니다.

또한 프로 조리사다운 기술을 습득하는 데 밑거름이 될 거라는 확신도 갖고 있습니다. 21세기 첨단산업사회에 살면서 좀 더 표준화되고 색다른 맛을 연출하는 데 조금이나마 도움이 되었으면 하는 바람과 아울러 많은 노력을 함께 기울여주신 여러분들에게 감사의 말씀을 드립니다. 이로도리 직원 여러분과 출판사 관계자님들께 다시 한 번 감사의 말씀을 드립니다.

저자 씀

추 천 사

예나 지금이나 건강에 대한 비중은 매우 높다고 생각합니다. 나라마다 지역적인 전통과 가치를 추구하는 독특한 식문화가 맥을 이어오고 있는 현실이지요. 가능한 건강하게 오래 살고자 하는 인간의 욕구를 충족시키는 숙제를 풀어야 하는 게 조리사의 의무이기도 합니다.

특히 동양중심의 자연식 문화는 인종을 초월한 사람들로부터 많은 호평을 받고 있지요. 그중에서도 생선을 이용한 다양한 요리는 두고두고 반추할만큼 느낌을 주는 요리임에 틀림없습니다. 전통사회에서 첨단 산업사회로 옮겨오면서 여러 변화가 있었지만 그 변화를 가져오게 한 에너지원이 식문화가 아니었나 싶습니다. 생선회나 초밥 등은 미식가들의 많은 호평을 받고 있습니다. 이번에 발간된 『정석 일본 요리』는 또다른 식문화의 변화를 모색하는 지침서가 될 것이며 일본 요리를 대중화시키는 모태가 되리라 생각합니다.

해박한 지식과 풍부한 현장 경험 또한, 대학 강의 등으로 이론과 실무를 겸비한 이론서이기 때문입니다. 정석 일본 요리는 20여 년간 일본 요리를 연구 개발하며 노력했던 저자의 결정판이기도 합니다. 끝으로 막중한 업무와 후배들을 위한 강의 등으로 매우 바쁜 가운데 이렇게 훌륭한 책을 집필한 노력과 정열을 높이 평가하며 선후배 동료들에게 사랑받고 존경받는 조리인이 되길 기원합니다.

르네상스 서울 호텔 총주방장
강 완 식

차 례

제 1 장 일본요리

제 2 장 야채 손질법

제 3 장 고바치

제 4 장 젠사이

제 5 장 맑은 국물

제 6 장 사시미

제 7 장 조림요리

제 8 장 찜요리

제 9 장 튀김요리

제 10 장 구이요리

제 11 장 초회와 무침요리

제 12 장 냄비요리

제 13 장 면류

제14장 덮밥류

제15장 초밥

정석일본요리

제 16 장 복어요리

제 17 장 정식요리

제 18 장 실기편

 # 부록

일본요리

1

일본요리

일본 요리의 역사는 고대 중국으로부터 한반도를 통하여 전래되어 온 문물과 함께 그 효시가 이루어졌으며 문화가 발달함에 따라 일본인의 기호와 지역적 특성에 맞는 색상, 향, 맛을 위주로 하면서 고유한 특징을 지닌 요리로서 발전해 온 것이다 이러한 일본요리는 지역별로 고유한 특성이 있어서 동경지방의 관동풍 요리와 오사카 지방의 관서풍 요리가 있다. 또한 일본요리는 상차림으로 구분하여 모모야마 시대에서 에도 시대로 내려오는 본선요리와 에도시대의 대명사처럼 불렸던 회석요리, 다도를 전문으로 하는 일가에서 전해 내려오는 차회석요리 등의 상차림이 있다.

일본요리는 일본 풍토에서 독특하게 발달하여 온 일본인이 일상 먹는 요리의 총칭이라 하겠다. 일본 열도는 북동에서 남서로 길게 뻗어 있고 바다로 둘러싸여 있어서 지형과 기후의 변화가 많다. 따라서 사계절에 생산되는 재료가 다양하고 계절에 따라 맛도 달라지며 해산물이 매우 풍부하다. 이러한 조건 속에서 일본요리는 쌀을 주식으로, 농산물, 해산물을 부식으로 형성되었는데, 일반적으로 맛이 담백하고 색채와 모양이 아름다우며 풍미가 뛰어난 것이 특징이다.

- 사계절감을 중요시한 재료의 선택
- 기물의 선택 : 생김새, 색상, 재질
- 메뉴는 조림, 구이, 튀김, 초회, 찜 요리 등의 다양한 조리법이 있다.
- 그릇에 담을 때는 공간미를 살리는 데 중점을 두어야 한다.
- 생선류는 주로 생식하기 때문에 주 재료의 특성을 최대한 살린다.
- 양의 조절과 섬세함을 요리에서 느낄 수 있어야 한다.

1. 관동요리

관동요리는 동경지방을 중심으로 발달한 요리로서 무가(武家) 및 사회적 지위

가 높은 사람들에게 제공하기 위한 의례요리로 맛이 진하고 달며 짠맛이 특징이
다. 당시에는 설탕이 귀했는데 설탕을 사용하였던 것으로 보아 그만큼 고급요리
였다는 것을 보여준다. 니기리 스시 등의 생선 초밥과 튀김 민물장어 등 일품요
리가 발달하였다.

2. 관서요리

오사카, 교토, 나라지방 등을 중심으로 발달한 요리이다.

관서요리는 재료 자체의 맛을 살리면서 조리하는 것이 특징이다.

따라서 관서요리는 재료의 외형과 색상이 거의 유지되기 때문에 모양이 아름
답다. 관서요리의 대표적인 것으로는 교토요리와 오사카요리가 있는데, 교토 요
리는 양질의 두부, 야채, 밀기울 말린 청어, 대구포 등을 이용한 요리가 많으며
오사카요리는 양질의 생선, 조개류를 이용한 요리가 많다. 최근의 관서요리는 약
식이 많으며 회석요리가 중심이 된 연한 맛이 특징이다.

제 3 절　일본요리의 기본조리법

- 오색(五色), 오미(五味), 오법(五法)을 기초로 하여 조리한다.
- 오색 : 빨간색, 청색, 검정색, 흰색, 노란색
- 오미 : 쓴맛, 매운맛, 단맛, 짠맛, 신맛
- 오법 : 구이, 찜, 튀김, 조림, 날것

제 4 절　일본요리의 분류

1. 회석 요리(懷石料理)

무로마치 시대(1338~1549)에 차를 즐기는 풍토가 유행하였는데 차를 마실 때

간단한 식사를 곁들여 공복감을 해소시킬 정도의 양으로 음식을 제공하는 형태의 요리를 말한다. 또한 맛있고 화려하고 섬세하며 먹기 쉬워야 한다.

2. 회석 요리(會席料理)

에도시대(1603~1866)부터 이용된 연회용 요리이며 일즙 3채(一汁三采), 일즙 5채(一汁五采), 이즙 5채(二汁五采) 등이 있다.

- 고바치(小鉢) — 담백하고 술안주로 할 수 있는 재료 선택, 양이 적어야 한다.
- 젠사이(前菜) — 식욕촉진제 역할을 충분히 할 수 있고 색상이 아름다우며 3품, 5품, 7품으로 담는다. 어류, 야채, 알류, 육류 등을 다양하게 사용할 수 있다.
- 스이모노(吸物) — 주재료, 향신료, 고명으로 분류하여 계절감을 최대한 살리고 일번 다시나 곤부 다시에 소금과 간장으로 엷게 간을 한다.
- 오쓰쿠리(お造リ) — 생선은 물론 소고기 곤약 등도 사용이 가능하며 다양한 생선 썰기로 모양을 낸다. 소스는 폰즈나 와사비 간장, 생강 간장 등을 사용한다.
- 니모노(煮物) — 다양한 생선류와 어패류 야채 등을 사용한다.
- 무시모노(蒸物) — 재료는 여러 가지를 사용할 수 있으나 불조절에 의한 시간조절이 중요하다.
- 야키모노(燒物) — 생선류를 구워 내는데 간장구이, 소금구이, 된장구이 등 다양한 방법이 있으며 불 조절과 꼬챙이 꿰는 방법, 굽는 순서가 중요하다.
- 아게모노(揚げ物) — 스아게, 가라아게, 고로모 아게 등의 튀기는 방법이 있다. 가장 중요한 것은 온도조절이다.
- 스노모노(酢の物) — 식초를 가미한 소스가 많이 활용되므로 색상에 유의해야 한다.
- 구다모노(果物) — 과일은 계절에 맞게 낸다
※ 카이세키 요리는 맛이 같은 동일 재료를 피하는 것이 원칙이다

3. 혼젠요리(本膳料理)

국물요리 하나에 3가지 요리, 즉 일즙 3채(一汁三采), 이즙 5채(二汁五采), 이즙 7채(二汁七采) 등의 상차림이 있다.

4. 정진요리(精進料理)

불교식의 절요리를 말하며 동물성 식재료나 어패류를 사용하지 않고 야채, 해초, 두부, 곡류 등을 사용하여 조리하였으며 식물성 기름과 감자나 고구마 등의 전분을 많이 사용하였다.

제 5 절   요리담기

- 기물의 선택과 무늬가 있을 시 전면이 어디인가를 구별한다.
- 온마리의 생선일 경우에는 머리가 왼쪽 배쪽이 앞으로 오게 한다.
- 몸통, 머리, 꼬리가 분류되어 있는 경우에는 야마모리를 하고 부재료로 마무리한다.
- 종류가 다양할 때는 3, 5, 7, 9 등 홀수로 담는다.
- 일본요리의 기본인 계절감을 살려서 담는다.
- 고객이 먹기 편하고 아름답게 장식하여 낸다.
- 곁들임 요리는 3가지 정도를 사용함이 좋다.
- 너무 화려한 기물은 주요리를 어둡게 만들기 때문에 참고한다.

제 6 절   기본다시 만들기

1. 가쓰오부시(鰹節)

일본요리에서 국물요리와 소스를 만들 때 필수적인 재료이며, 가다랭이를 5장 뜨기하여 등쪽의 살을 고열로 찐다음 0℃ 상태에서 건조시켜 대패밥처럼 썰어서 말린 것이다.

2. 일번다시 (一番だし)

- ◆ 재료 : 물 1,800cc, 건 다시마 15g, 가쓰오부시 30g
- ◆ 만드는 방법

① 약간 젖은 깨끗한 행주로 다시마의 염분을 제거하고 중간중간에 칼집이나 가위 등을 사용하여 자국을 내어준다.

② 1,800cc의 물을 소스팬에 담고 다시마를 넣은 다음 중불로 가열한다.

③ 물이 끓기 직전에 다시마를 꺼내고 준비된 가쓰오부시를 넣은 다음 불을 끈다.

④ 거품을 제거하고 약 20분 정도 경과 후 소청을 이용하여 거른 다음 조리용으로 사용한다.

⑤ 다시에 찌꺼기가 없어야 한다.

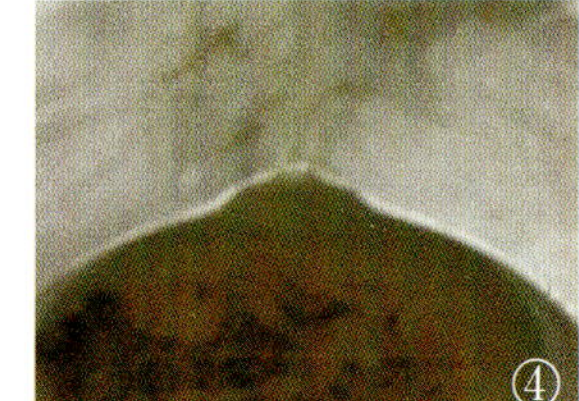

3. 이번다시 (二番だし)

일번 다시를 만들고 난 가쓰오부시에 물 1리터와 30g의 가쓰오부시를 더 첨가한 다음 같은 방법으로 만든다.

조림, 된장국, 소스류의 용도로 쓰인다.

4. 멸치다시 (煮干しのだし)

◆ 재료 : 물 1,800cc, 왕멸치 60g, 건다시마 15cm

◆ 만드는 방법

① 머리와 내장을 제거한다.

② 멸치를 물 속에 넣고 7~8분 가량 열을 가하면서 거품을 제거한다.

③ 멸치가 물 속에 가라 앉을 때까지 기다린다.

④ 소청을 넓게 편 후 걸러서 사용한다.

5. 다시마다시 (昆布だし)

◆ 재료 : 다시마 15g, 물 1,800cc.

◆ 만드는 방법

① 물 1,800cc에 다시마를 넣고 약한 불에 열을 가한다.

② 끓으면 거품을 제거하고 약 20분이 경과한 후 사용한다.

③ 용도 : 지리다시, 맑은 국물

1. 사시미 보쵸(刺身庖丁)

생선회를 켤 때 쓰는 칼로서 관서지방에서는 야나기 보쵸(柳刀庖丁)를 관동지방에서는 다코비키를 사용하나, 칼의 길이는 약 30cm 정도가 사용하기 편리하고 21cm 이상이면 충분하다. 칼은 수평이 잘 맞고 어느 정도 무게가 있으며 재질이 좋은 것을 선택함이 중요하다.

2. 우스바 보쵸(薄刀庖丁)

야채를 손질할 때 사용하며 18~20㎝정도의 길이가 사용에 편리하다.
관동식은 칼끝이 각이 졌고 관서식은 칼끝이 둥근 모양으로 되어 있으며, 칼을 갈 때는 면이 고운 숫돌을 사용한다.

3. 데바 보쵸(出刀庖丁)

칼등이 두껍고 날이 넓은 칼을 말한다.
생선을 오로시(포뜨기)할 때나 뼈를 자를 때 주로 사용한다. 크기에 따라 여러 종류가 있으나 손질하고자 하는 재료에 맞게 편리하게 쓸 수 있으며, 칼을 갈 때는 굵은 숫돌에 간다.

4. 우나기 보쵸(鰻庖丁)

장어를 손질할 때 사용한다.

5. 소바기리(そば切リ)

모밀국수를 자를 때 사용한다.

6. 스시기리(すし切リ)

김 초밥 자르는 칼.

제 8 절   칼의 사용법

1. 칼의 손질

칼은 조리사의 가장 기본이 되는 도구이므로 대단히 소중하게 다루어야 한다.
항상 정성스럽고 깨끗하게 잘 갈아 사용하고 보관을 잘하여야 한다.

2. 칼의 끝부분 사용

오이나 일본 김치, 갑오징어 등의 재료를 이도기리할 때, 토마토 껍질제거, 우
엉을 사사가키 할 때 등 여러 용도로 쓰인다.

3. 칼의 중앙 부위 사용

무, 당근 등을 돌려깎기하거나 양상추나 비트, 실파와 같은 재료를 썰 때 사용
한다.

4. 자르기

칼의 끝쪽 부위나 중앙 부위를 동시에 사용하는 경우나 당겨서 완성하는 경우, 밀어서 완성시키는 경우를 항상 염두에 두어야 한다.

예를 들면 일본식으로 야채를 썰 경우 안쪽에서 바깥쪽으로 칼을 약간 밀면서 사용하고 생선의 경우는 반대로 바깥쪽에서 안쪽으로 당겨서 마무리하는 게 기본이다.

5. 칼 가는 방법

도마 위에 숫돌을 고정시킨 다음 움직이지 않게 받침대나 약간 젖은 행주를 놓는다.

오른손으로 칼자루를 잡고 왼손은 칼날 위에 인지와 중지를 가볍게 올려 놓은 다음, 왼손과 오른손이 동시에 움직이면서 칼을 간다.

생선회칼이나 데바칼은 쇠가 다르기 때문에 전면을 10회 움직이면 반대면은 2회 정도 문질러 날이 넘지 않도록 한다

칼을 가는 작업이 끝나면 숫돌 특유의 냄새를 제거해야 하는데, 이때 일차적으로 무를 자른 단면이나 돌가루로 문지르고, 이차로 레몬즙을 살짝 바른 다음 깨끗한 행주로 닦아준다.

6. 칼 보관 방법

칼은 하루에 1회 이상 가는 게 원칙이며 윤기나게 닦아 칼집에 넣어 보관한다.

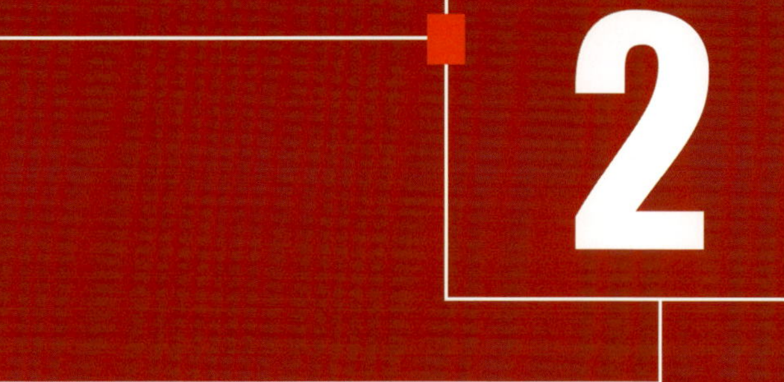

2

야채 손질법

야채손질법

1. 배추

잎사귀가 전체적으로 윤기가 있고 뿌리부분이 흰색인 것이 양질의 배추이고, 10월에서 2월을 제철로 볼 수 있으나 지금은 4계절 내내 먹는 것이 가능하다.
데칠 때는 뿌리 쪽을 먼저 넣고 잎사귀를 나중에 데친다.

용도 : 냄비요리, 절임요리, 끓임요리 등 다양하다.

2. 죽순

껍질이 붙어 있는 것과 벗겨진 것 등이 있는데 껍질은 희고 둥그스름한 것이 좋으며, 삶을 때는 껍질로 싸여 있는 것은 통째로 삶고, 통조림으로 된 것은 삶은 다음 사라시하여 사용한다.
가쓰오다시 800cc, 미림 90cc, 우스구치 40cc, 건고추 2개, 소금 약간 등으로 소스를 만든 다음 약한 불에서 10분 정도 끓인 후 식혀 사용한다.

용도 : 조림요리, 구이요리, 전골요리

3. 토란

알이 굵은 것을 선택하여 양면을 절단한 후 둘레를 6면으로 자른 다음 쌀뜨물에 담궜다가 70% 정도 삶는다.
가쓰오다시 800cc, 미림 80cc, 정종 10cc, 우스구치 30cc, 소금 약간 넣어 간을 한 다음 삶은 토란을 넣고 약 5분 정도 열을 가한 후 식혀 사용한다.

용도 : 조림요리, 맑은 국물

4. 아스파라거스

굵고 일직선이며 녹색이 짙고 선단의 비늘조각이 진한 것이 좋으며, 4~7월이 제철이다. 소금을 약간 넣고 데친 다음 사용한다.

용도 : 무침, 조림, 튀김

5. 연근

껍질을 벗긴 다음 식초물에 약 30분간 담궜다가 꺼낸 후 가쓰오다시 400cc, 우스구치 30cc, 미림 40cc, 약간의 소금을 첨가하고 주재료인 연근을 넣은 다음 15분 정도 끓여 사용한다.

용도 : 식초 절임, 튀김, 조림

6. 미쓰바

이도미쓰바(湛三つ葉)라고도 하는데 잎은 진녹색, 줄기는 연녹색이 상품이다.

용도 : 고명, 맑은 국물

7. 완두콩

알이 굵고 색깔이 짙은 것이 좋고, 가능한 껍질채로 되어 있는 것을 선택하여 데칠 때는 소금을 약간 넣고 마무리한 다음 사라시하여 사용한다.

용도 : 각종 젠사이류(식욕촉진제), 술안주, 고명

8. 무순

떡잎 채소로 무잎이 두 잎이 났을 때 채취하여 사용한다.

용도 : 맑은 국물, 초회, 생선회의 곁들임요리

9. 머후

잎사귀는 제거하고 큰 냄비에 소금을 약간 첨가한 후 충분한 물에 넣어 데친 다음 껍질을 벗겨 사용한다.

용도 : 젠사이(식욕촉진제), 고바치(술안주), 찜요리

10. 우엉

모양이 일직선이고 상처가 없는 것이 상품이며 초여름에 나는 것이 가장 맛이 좋고, 껍질을 벗겨 촛물에 30분 정도 담갔다가 사용한다. 이는 색상의 변화와 쓴맛을 제거하기 위함이며 때때로 쌀뜨물에 담그기도 한다.

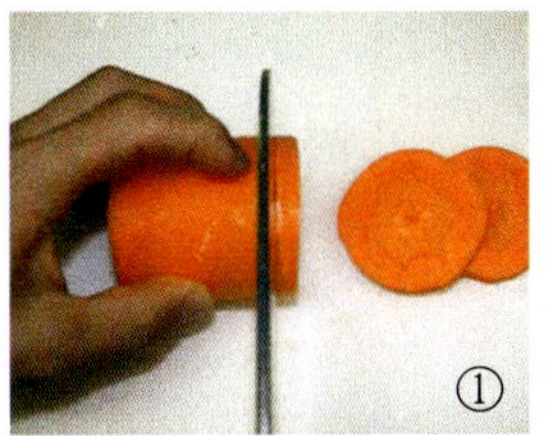

둥글게 썰기

（輪切リ, 와기리）

주재료를 도마 위에 놓고 요리의 목적에 따라 둥글게 써는 방법

레몬, 무, 당근, 호박

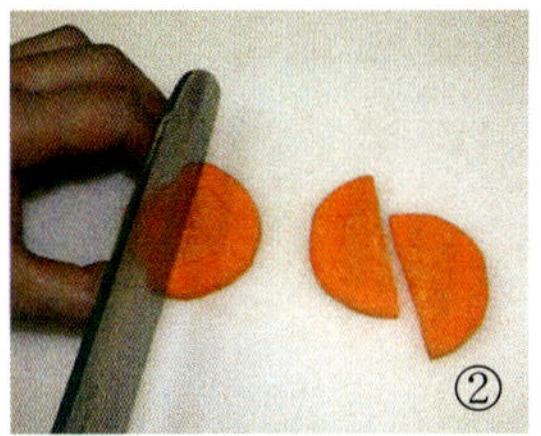

반달썰기

（半月切リ, 한게쓰기리）

둥근 재료를 2등분하여 반달모양으로 써는 방법

무, 당근, 가지

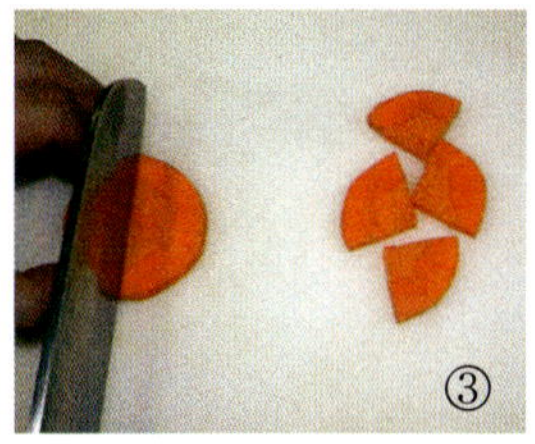

은행잎 썰기

（銀杏切リ, 이조기리）

반달썰기한 재료를 다시 절반으로 자르는 방법

이십일무, 무, 산마

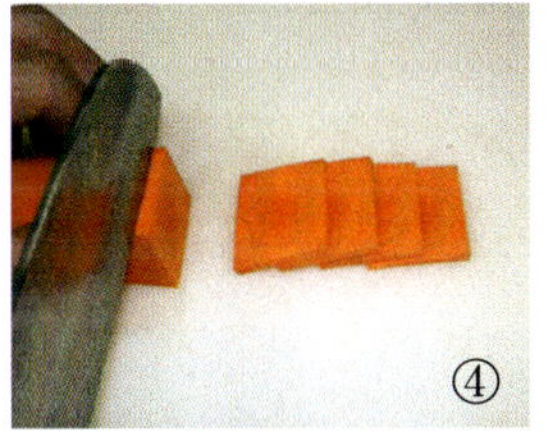

사각 썰기

（色紙切リ, 이로가미기리）

원재료를 사각으로 다듬어 써는 방법

이십일무, 무, 당근

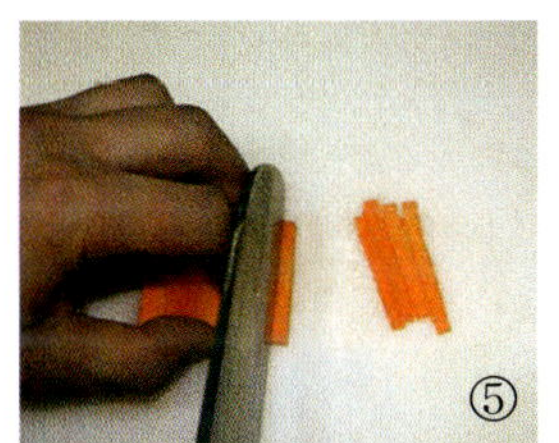

사각 채썰기

（短冊切リ, 단자쿠기리）

길이 4~5cm, 두께 2cm정도로 써는 방법

무, 당근, 두릅

한입 썰기

（小口切リ, 고구치기리）

대파나 오이 등을 일정한 두께로 자르는 방법

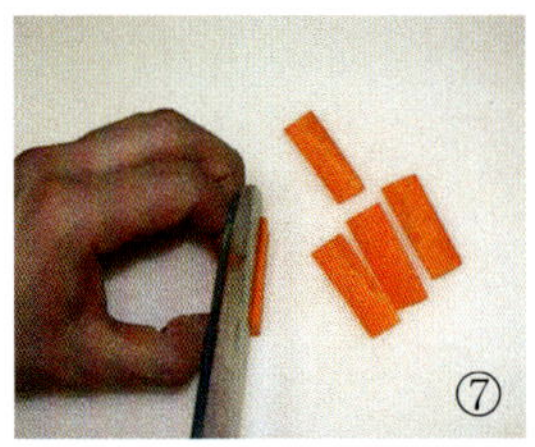

사각 기둥썰기
（拍子切リ 효시키기리）

길이 4~5cm, 굵기 7cm정도의 사각 기둥 모양으로 썰기

오이, 산마, 무

약간 두껍게 채썰기
（せん切リ, 센기리）

5~6cm로 썬 것을 세로로 가늘게 써는 방법

오이, 당근

깍뚝 썰기（さいのめ切リ, 사이노메기리）

가로, 세로 1cm 정도의 크기로 써는 방법

무, 당근

잘게 다져 썰기
（みじん切リ, 미징기리）

가늘게 채 썬 것을 세로로 잘게 써는 방법

파슬리, 와사비, 생강

얇게 벗기기
（へき切リ, 헤키기리）

주재료를 도마 위에 수평으로 놓고 얇게 자르는 방법

무, 생강

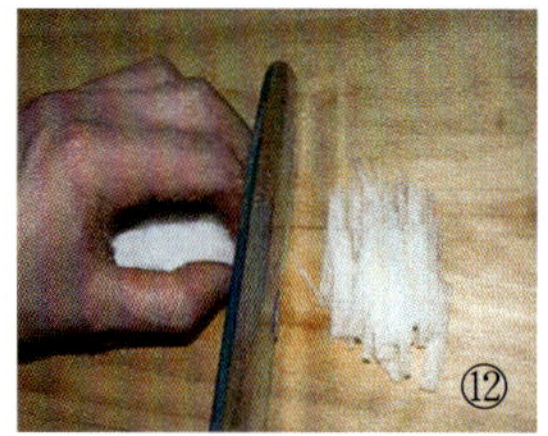

가늘게 채썰기
（なます切リ, 나마스기리）

돌려 깎기한 무나 당근 등을 포갠 다음 가늘게 채치는 방법

어슷 썰기

（斜め切綾, 나나메기리）

우엉이나 오이 등을 균형있게 어슷하게 써는 방법

샐러드나 무침용 야채를 자를 때 사용한다.

뚜벅 썰기

（亂切リ, 란기리）

우엉, 당근, 감자 등을 오른쪽에서부터 돌려가며 써는 방법

조림이나 볶음요리에 사용 한다.

대나무잎 썰기

（笹がき, 사사가키）

껍질을 벗긴 다음 연필을 깎듯이 돌려가며 대나무잎처럼 얇게 깎는 방법
튀김이나 전골 요리를 할 때 사용한다.

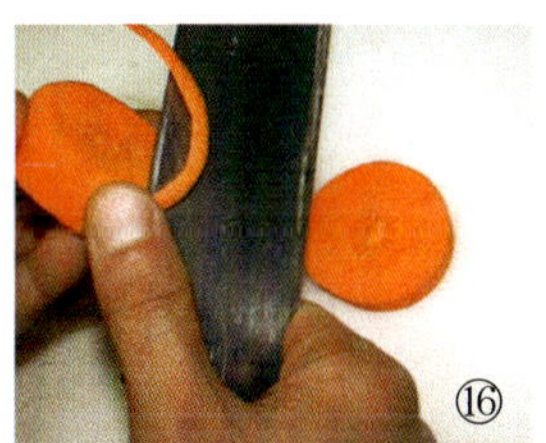

각 절단하기

（面どり, 멘도리）

조리할 때 부서지는 것을 방지하기 위해 각을 매끄럽게 깎는 방법

감자, 무, 당근 등 조림 요리에 사용한다.

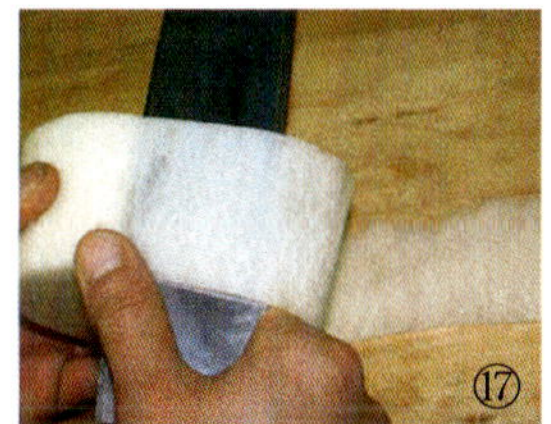

돌려 깍기

（桂むき, 가쓰라무키）

적당한 크기로 무나 당근 등을 얇게 돌려가며 깎는 방법

가늘게 무채 썰 때, 갱을 만들 때 사용한다.

용수철 만들기

（よりうど, 요리우도）

무, 당근 등을 5cm 길이로 얇게 돌려 깎기한 다음 비스듬히 자른 후 쇠젓가락으로 감아 만 다음 냉수에 넣어 두었다가 장식용으로 사용한다.
생선회 담을 때 사용한다.

3

고바치

고바치

1. 기미 이쿠라 나마스

❶ 계란 10개를 삶아서 노른자만 쓰리바치에 간다. 이때 미림, 가쓰오 다시 조금, 정종, 설탕, 식초, 소금을 약간 첨가한다.

❷ 다이콩 오로시(무 간 것)와 연어알을 넣어 잘 섞은 다음 용기에 담고 고명으로 이도가키(실처럼 가늘게 만든 가쓰오 부시)를 놓아 완성하여 낸다.

2. 닭고기 곤약 조림

❶ 판 곤약을 꽃모양 등의 스테인리스 형으로 찍어 데친다.

❷ 200g의 닭고기를 한 입 크기로 썬다.

❸ 냄비에 식용유를 두르고 닭고기와 곤약을 함께 넣어 볶는다.

❹ 정종 약간, 진간장 80cc, 설탕 100g, 다마리 40cc를 첨가하여 은은한 불에 졸인다.

❺ 국물이 거의 졸여지면 불을 끄고 시치미를 첨가하여 사용한다.

3. 이카 게소 우마니

❶ 게소(갑오징어 발)는 손질한 후 데쳐 썬다.

❷ 다시마는 물에 담궜다가 사각으로 썬다.

❸ 우엉은 작게 썰어서 삶아둔다.

❹ 위의 재료를 냄비에 넣어 사이다를 부어 끓인 뒤 미림, 다마리, 진간장으로 간을 맞춘다.

❺ 너무 달거나 짜지 않아야 하며 국물이 없어질 때까지 졸여 사용한다.

4. 고마도후

재료 : 아다리고마, 와사비

① 아다리고마 1캔, 설탕 3스푼, 소금 1스푼, 물 아다리 고마 통으로
9개를 쓰리바치에 넣고 간다.

② 체에 내려(우라고시) 냄비에 담은 후 약불에서 40분 정도 나무
주걱으로 저어주면서 묵과 같은 형태가 될 때까지 저어 준다.

③ 나가시캉에 유니랩을 깔고 부은 후 3~4회 두들겨 얼음물에 식
힌 다음 사용한다.

④ 소스는 간장과 가쓰오다시를 1:1 비율로 섞고 낼 때는 고명으로 와사비를
첨가한다.

5. 빙어 남방쓰케

재료 : 빙어, 당근, 양파, 샐러리, 건고추

① 빙어를 깨끗이 씻어 물기를 제거한 후 전분을 묻혀 튀긴다.

② 당근, 양파, 샐러리를 채로 썬다.

③ 용기에 빙어 한층 야채 한층으로 겹겹이 놓고 레몬과 건고추를
첨가한 다음 2~3일 후에 사용한다.

※ 남방스 : 가쓰오다시 6, 미림 1, 설탕 스푼 2스푼, 식초 4개, 연
간장 0.5

6. 미역 갑오징어 초회

재료 : 미역, 갑오징어, 초생강

① 미역은 살짝 데쳐서 데친 다음 물기를 제거하고 먹기 좋게 자
른다.

② 갑오징어는 가로 3cm 세로 1cm 크기로 자른 후 전분을 묻혀
끓는 물에 데친다.

③ 그릇에 미역을 먼저 놓고 갑오징어를 놓은 다음 고명으로 초생

강을 올리고 도사스를 뿌려 완성한다.

※ 도사스 : 가쓰오다시 6, 식초 4, 연간장 0.5, 미링 0.5, 정종 0.5 설탕 2, 가쓰 오부시, 건다시마

7. 가지 볶음

❶ 가지를 어슷썰기한다.

❷ 프라이팬에 식용유를 두르고 가지, 정종, 소금, 미림 조금 넣고 초벌볶음을 해 준다.

❸ 그릇에 볶은 가지를 담고 스미소(된장+설탕+식초+미림+정 종)를 끼얹어낸다.

8. 패류 곤약 무침

❶ 오이는 2등분하여 씨를 제거하고 어슷썰기 한다음 소금을 뿌려 숨이 죽게 한 후 씻어 놓는다.

❷ 피조개, 새조개는 2cm 크기로 썰어 살짝 데쳐 놓는다.

❸ 곤약은 2mm 두께로 썰어 끓는 물에 15분 정도 데친 후 그대 로 식힌다.

❹ 위의 모든 재료와 스미소를 섞어 무친 후 내기전 볶은 검정깨 를 고명으로 놓아 완성한다.

9. 실곤약 닭고기 조림

재료 : 실곤약, 닭가슴살, 청피망, 참깨

❶ 실곤약 10봉을 데쳐 2cm 크기로 자른다.

❷ 뼈를 제거한 닭고기살 800g을 먹기 쉽게 자른다.

❸ 닭고기와 실곤약을 냄비에 넣고 물 3리터를 부은
   후 30분 정도 중불에서 졸인다.

❹ 정종 0.3병, 미림 100cc, 진간장 100cc, 다마리 70cc
   를 넣고 국물이 거의 없어질 때까지 은근히 졸인다.

❺ 청피망을 센기리하여 프라이팬에 볶아 위의 재료와
   섞은 다음 볶은 참깨를 섞어 완성한다.

10. 이카 바이니쿠 무침

재료 : 갑오징어, 바이니쿠

❶ 갑오징어 살을 이도기리하여 정종, 미림을 넣어 15
   분 가량 재어 둔다.

❷ 바이니쿠(매실을 액체화 시킨 것)에 설탕을 넣어
   갑오징어와 섞어 무친다.

※ 갑오징어 두 마리에 바이니쿠 한 스푼의 비율

11. 박꼬지 캐비어 무침

재료 : 박꼬지, 은행, 캐비어(철갑상어 알)

❶ 박꼬지는 물에 충분히 불려 3~4cm 정도로 잘라 물
   기를 제거한다.

❷ 가쓰오다시, 설탕, 미림, 정종, 소금을 약간 첨가하고
   흰색이 유지되게 한 다음 식힌다.

❸ 깐은행은 프라이팬에 볶아 푸른 식용색소를 첨가하
   여 완성한다.

④ 박꼬지와 빨간 색 캐비어를 함께 무친 후 낼 때에는 고명으로 푸른 색 은
  행을 2알씩 놓는다.

12. 아나고 남방쓰케

재료 : 아나고, 양파, 당근, 건고추

① 아나고는 지느러미 배쪽 뼈 등 먹을 수 없는 부분을 제거하고
  칼집을 넣은 다음 2~3cm 길이로 자른다(소금 약간 첨가).
② 양파와 당근은 채 썰어 찬물에 담가둔다.
③ 칼집을 넣은 아나고는 전분을 묻혀 튀긴다.
④ 아나고와 야채를 층층으로 담고 레몬, 건고추를 넣은 다음 남
  방스를 첨가하여 2~3일 후에 사용한다.

13. 해파리 긴시 무침

재료 : 해파리, 당근, 계란, 파슬리

① 해파리는 물에 담근 후 데쳐서 염분을 제거한다.
② 당근은 껍질을 벗겨 채 썰어둔다.
③ 계란을 얇게 부쳐 채 썬다.
④ 해파리와 당근, 지단을 섞고 소스를 부어 완성한 다음 내기 전
  파슬리를 고명으로 얹는다.

※ 소스 : 술 1, 미림 1, 연간장 1, 진간장 0.5, 설탕 0.5, 참기름
  조금, 참깨 약간

14. 오이 산마 해파리 무침

재료 : 오이, 산마, 해파리

① 오이는 2등분하여 씨부분을 제거한 후 3cm 크기로
  썰어 소금을 뿌려둔다.
② 산마는 껍질을 벗긴 후 3cm 크기로 썰어 다시마를
  넣은 소금물에 담가둔다.

❸ 해파리는 데쳐서 물기를 제거한 다음 아마스에 하루 정도 담가둔다.

❹ 오이와 산마는 물기를 꼭 짜서 해파리와 섞어낸다.

※ 아마스 : 물 4, 식초 1, 설탕 1

15. 준사이 센기리

재료 : 순채, 산마, 실파, 아카오로시

❶ 순채는 물로 한 번 행군 후 체에 받혀둔다.

❷ 산마는 껍질을 벗긴 후 2cm 크기로 채 썬다.

❸ 아카 오로시를 준비한다.

❹ 실파를 썰어 사라시한다.

❺ 용기에 순채를 담고 채 썬 산마와 실파, 아카 오로시를 놓고
소스는 폰즈를 첨가하여 낸다.

※ 폰즈 : 진간장 4, 다마리 0.6, 식초 3, 오렌지주스 4

16. 야채 산마 무침

재료 : 맛살, 표고버섯, 시소, 해파리

❶ 맛살을 가늘게 분리하여 3cm 크기로 자른다.

❷ 아마스에 담근 해파리를 3cm 크기로 자른다.

❸ 표고버섯을 삶아 진간장, 미림, 정종 설탕 약간 넣고 간을 한
다음 건져 센기리한다.

❹ 시소를 가늘게 채 썬다.

❺ 산마를 센기리하여 소금과 식초를 섞은 물에 담갔다가 꼭 짠다.

❻ 위의 모든 재료를 섞어 무친 다음 낸다.

※ 아마스 : 물 4, 식초 1, 설탕 1

17. 문어 오이 무침

재료 : 문어, 오이, 초생강

① 문어는 삶아서 껍질은 제거한 후 채 썰어 정종 1, 미림 1, 연간 장 1에 한 시간 정도 담궜다가 짠다.

② 오이는 와기리하여 소금물에 다시마를 첨가한 다음 2시간 정도 담근 후 물기를 제거한다.

③ 문어와 오이를 섞고 초생강을 첨가한 후 도사스를 넣어 완성한다.

※ 아마스 : 물 4, 식초 1, 설탕 1

도사스 : 다시 6, 식초 4, 연간장 0.5, 미림 0.5, 술 0.5, 설탕, 소금 조금, 다시마, 가쓰오 부시

18. 시금치 무침

재료 : 시금치, 흰깨

① 시금치는 데쳐 물기를 제거한다.

② 쓰리바치에 흰깨를 넣어 갈고 소바다시를 넣어 간을 한다.

③ 시금치에 참깨 소스를 부어 무친 뒤 낼 때는 고명으로 이도가 키를 놓아준다.

19. 장어 오이 무침

재료 : 장어, 오이, 생강, 유자

① 장어는 데리야키하여 0.5cm 크기로 썬다.

② 오이는 둥글게 썰어 소금물에 절여서 꼭 짠다.

③ 장어와 오이를 섞고 썬 생강을 첨가한 다음 도사스로 무친다.

④ 고명으로 생 유자를 조금 얹어 준다.

20. 게살 아스파라거스 무침

재료 : 게살, 아스파라거스

① 게살에 정종과 맛소금을 약간 뿌려 찜통에 찐 후 2~3cm 크기로 자른다.

② 아스파라거스는 시모후리하여 2~3cm 크기로 자른다.

③ 여기에 정종, 미림, 소금, 진간장, 참기름, 시치미 등을 약간 넣어 간을 한 다음 무쳐서 사용한다.

21. 참치 야마가케

재료 : 참치, 산마

① 참치를 가로, 세로 0.5cm 크기로 썬다.

② 간장에 적당량의 와사비를 풀고 참치와 무친다.

③ 무친 참치를 그릇에 담고 산마를 갈아서 뿌려준다.

④ 고명으로 하리노리를 놓아준다.

22. 고등어 이리다마고 무침

재료 : 고등어, 다시마, 목이버섯, 계란

① 싱싱한 고등어를 산마이 오로시하여 뼈를 제거한 다음 소금을 듬뿍 뿌려 3시간 정도 경과 후에 물에 씻는다.

② 식초 3, 설탕 1, 정종 1에 고등어를 약 1시간 정도 담군다.

③ 고등어를 건져 곤부지메(다시마로 마는 것)한 다음 2~3일 경과 후 껍질을 벗겨 이도기리 한다.

④ 기쿠라게(목이버섯)는 물에 불려 잘 씻은 다음 정종과 연간장에 잠깐 담궜다가 꼭 짠다.

⑤ 이리다마고(계란노른자 15개)에 술, 미림, 소금, 식초로 적당히 간을 하여 물중탕한 다음 우라고시한다.

⑥ 고등어, 이리다마고, 기쿠라게를 잘 섞어 고바치로 사용한다.

23. 긴시아에

① 오이와 당근은 약간 두껍게 썰어서 채 썬다.

② 기쿠라게는 물에 불린 다음 채 썬다.

③ 오이, 당근, 기쿠라게를 냉수에 약간 사라시하여 꼭 짠다.

④ 긴시도 채 썬다.

⑤ 갑오징어 몸살은 큰 것은 4등분, 작은 것은 3등분하여 이도기리한 다음 시모후리한다.

⑥ 참깨를 쓰리바치에 갈아서 가쓰오 다시, 미림, 식초, 진간장, 소금을 넣어 무친 다음 그릇에 담아낸다.

24. 전복내장무침

① 전복내장은 쓸개를 제거하고 데친다.

② 고추와 대파는 가늘게 썰고 전복내장도 먹기좋게 썬다

③ 위의 재료에 고추가루, 참기름, 소금, 간장 등으로 간을 한 다음 낼 때는 볶은 참깨를 뿌려낸다.

25. 이카 낫토 아에

① 갑오징어 몸통을 손질하여 하리기리 한 다음 정종과 미림을 약간 첨가하여 둔다.

② 낫토에 간장과 겨자를 넣고 다진다.

③ 갑오징어와 낫토를 섞어 용기에 담은 다음 김을 놓아낸다.

26. 마구로 다다키

① 참치에 간 마늘을 묻혀 불 위에 굽는다.

② 양파를 채 썰어 헹구어 낸 다음 물기를 제거한다.

③ 용기에 헹구어 낸 양파를 얹고 참치를 열게 썰어 담는다.

④ 고명으로 실파와 모미지 오로시를 놓고 소스는 폰즈를 뿌린다.

4

젠사이

젠 사이

1. 메추리알

❶ 메추리알을 삶는다.

❷ 껍질을 벗긴 후 아마스에 하루쯤 담군다.

❸ 색상을 원할 때는 식용색소를 넣거나 적채 등을 이용하여 색상을 낸다.

※ 아마스 : 설탕 1, 물 4, 식초 1

2. 요캉

❶ 팥을 뭉근히 삶는다.

❷ 삶은 팥을 걸러서 위의 재료를 넣어 걸쭉하게 만든다.

❸ 사각팬에 부어 굳힌 다음 사용한다.

3. 매실 조림

❶ 수확된 매실을 작은 송곳 등으로 많은 구멍을 낸다.

❷ 10~15일 동안 맑은 물에 담가둔다.

❸ 물 1리터와 설탕 50g의 물에 매실을 넣은 다음 은근하게 졸인다.

4. 닭고기 우엉 말이

❶ 닭은 살과 뼈를 분리한다.

❷ 우엉은 손질하여 8등분 한 다음 졸여 둔다.

❸ 닭살을 김발 위에 넓게 편 다음 졸여진 우엉 6개 정도를 놓고 만 다음 쇠꼬챙이를 끼워 고정시킨다.

❹ 말아진 닭고기를 조리용 실로 촘촘히 묶은 후 불에 굽는다.

❺ 구울 때 불을 약간 멀리하여 데리야키 소스를 발라 주면서 익힌다.

5. 훈제연어 오징어살 말이

❶ 훈제된 연어를 껍질을 제거하고 얇게 포뜬다.

❷ 갑오징어 몸살을 얇게 포뜬다.

❸ 포뜬 갑오징어를 바깥쪽에서 안쪽으로 생유자껍질을 약간 넣고 만다.

❹ 포뜬 훈제 연어 위에 말아진 갑오징어를 놓고 다시 한 번 만다.

❺ 완성된 연어 위에 삶은 계란노른자 가루나 검정깨를 뿌린다.

6. 곶감 무 당근 말이

❶ 무와 당근은 돌려깎기하여 바닷물 농도의 소금물에 담가둔다.

❷ 숨이 죽으면 물기를 짠 후 삼배초에 15분 정도 담가둔다.

❸ 곶감은 씨를 제거하고 가늘게 채 썬다.

❹ 김발 위에 무와 당근을 넓게 편 다음 곶감과 생유자껍질을 놓고 만 다음 적당한 크기로 썬다.

7. 닭가슴살 메추리알 말이

❶ 메추리알을 삶아 껍질을 벗긴다.

❷ 닭가슴살을 얇게 펴고 전분을 바른 다음 메추리알을 놓고 김
   발로 만다.

❸ 찜통에서 15분 정도 찐다.

❹ 데리야키 소스를 발라가며 살짝 구워 완성한다.

8. 이리다마고(계란노른자 가루)

❶ 계란을 완숙한다.

❷ 껍질을 제거하고 흰자와 노른자를 분리한다.

❸ 노른자를 체에 내린다(우라고시).

❹ 우라고시한 노른자를 물중탕하고, 이때 정종과 미림을 약간 첨
   가한다.

❺ 물중탕할 때 나무국자나 나무젓가락으로 저어주면서 물기가 없
   을 때 완성한다.

9. 계란찜

❶ 완숙된 계란 흰자와 노른자는 잘게 부수어 소청에 꼭 짜서 우라
   고시한다.

❷ 설탕을 약간 넣고 반 정도는 그냥 둔다.

❸ 나가시캉(사각팬)에 노란 계란과 흰 계란을 층층으로 놓아 찜통
   으로 15~20분 정도 쪄서 완성한다.

10. 전복 팥 조림

재료 : 전복, 팥, 무

❶ 전복을 삶아 살과 내장을 분리한다.

❷ 팥은 냉수에 4~5시간 담가둔다.

❸ 주재료(팥+전복)에 2배의 물을 붓고 뭉근히 끓인다.

❹ 무를 첨가하여 끓이면 전복이 훨씬 부드러워진다.

11. 가마보코 야키

재료 : 가마보코, 바이니쿠

❶ 가마보코를 통째로 야키바에 굽는다.

❷ 바이니쿠(매실을 액체화시킨 것)를 위에 바르면서 완성한다.

12. 키위 새우 무 말이

재료 : 키위, 새우, 무

❶ 키위는 껍질을 벗긴 후 4등분하여 씨부분을 제거한다.

❷ 차새우는 대나무 꼬챙이를 끼워 삶아 껍질과 내장을 제거한다.

❸ 무는 돌려깎기하여 바닷물 농도의 소금물에 담가둔다.

❹ 김발 위에 꼭 짠 무를 펴고 키위와 새우를 놓고 만다.

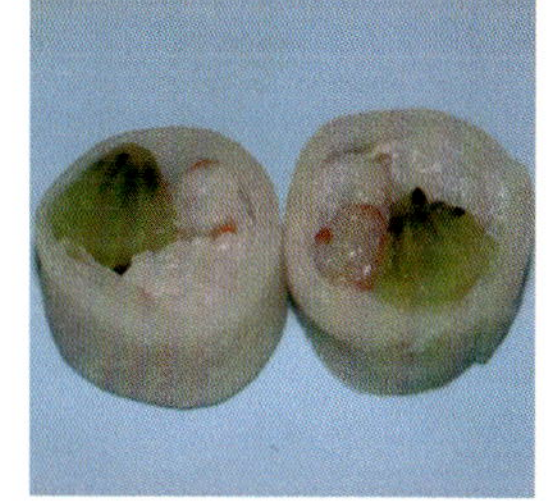

13. 어묵 바닷가재 찜

재료 : 어묵, 바닷가재, 계란

❶ 어묵 5개에 정종 30cc를 부어 믹서기에 간다.

❷ 갈아진 어묵을 쓰리바치에 넣고, 미림 30cc와 계란 흰자
5개를 넣고 간다.

❸ 계란 노른자 5개, 바닷가재 3마리의 살을 믹서기에 간다.

❹ 나가시캉에 어묵을 깔고 그 위에 바닷가재 간 것을 놓은

다음 15분 정도 찜통에 찐다.

⑤ 그 위에 시오우니(간이 밴 성게 알)을 살짝 발라 구워낸다.

14. 다시마키(계란말이)

❶ 계란 10개, 가쓰오다시 90cc, 연간장 10cc, 소금, 미림, 전분을 넣어 섞는다.

❷ 계란말이 판에 식용유를 두르고 중불에서 타지 않게 4~5겹으로 만다.

❸ 완성된 계란말이는 김발로 각을 잡은 다음 사용하나 다양한 모양을 연출할 수가 있다.

15. 산마 젠사이

❶ 산마는 벚꽃 모양을 내어 중간에 홈을 판다.

❷ 홈이 파인 산마를 물, 다시마, 소금 약간에 10분 정도 담가둔다.

❸ 산마를 건져 물 180cc, 식초80cc, 소금10g, 설탕10g, 바이니쿠 10g에 1시간 정도 담가놓는다.

❹ 홈이 파인 산마를 낼 때는 연어알을 넣어 서브한다.

16. 스리미 캐비어 찜

❶ 갑오징어 살과 계란, 칡가루, 설탕, 미림, 술, 소금을 약간 첨가하여 믹서기에 간다.

❷ 나가시캉에 호일을 펴고 대두유를 바른 후 양념이 된 스리미를 고르게 편다.

❸ 시오우니(소금이 가미된 성게알), 계란 노른자, 철갑상어 알을 잘 섞어 고르게 펴 놓은 스리미 위에 얹는다.

❹ 마지막으로 오븐에 15분 정도 구워(중불) 완성한다.

17. 연어 갑오징어 말이

재료 : 연어

❶ 연어는 손질하여 길이 15cm, 가로 0.5cm, 세로 0.5cm 크
기로 자른다.

❷ 갑오징어살은 믹서기에 술, 미림, 설탕, 소금 약간을 넣어
간 다음 쓰리바치에 다시 한 번 곱게 갈아준다.

❸ 김발 위에 유니랩을 깔고 나이프를 이용하여 갑오징어
간 것을 편 다음 그 위에 연어를 놓고 말아준다.

❹ 설탕 1.5, 식초 2, 씨를 제거한 건고추 2개, 건다시마 10cm를 넣어 만든 소
스에 주 재료를 넣고 1~2일 담가둔다.

18. 아스파라거스 말이

재료 : 등심, 아스파라거스

❶ 아스파라거스를 손질하여 데친다.

❷ 등심을 슬라이스하여 전분을 묻힌 다음 아스파라거스를
놓고 만다.

❸ 프라이팬에서 익힌 다음 데리야키 소스를 발라 완성한다.

19. 고나스 덴가쿠 미소

재료 : 가지, 된장

❶ 작은 가지를 반으로 자른 다음 칼집을 다이아몬드 형태로
넣어 기름에 살짝 튀긴다.

❷ 튀긴 가지 위에 덴가쿠 미소(단맛이 나는 양념 된장)를 발
라 야키바에 구워 사용한다.

❸ 튀긴 가지 위에 생(나마) 우니를 올려 서브하기도 한다.

20. 곶감말이

❶ 곶감의 양면을 자르고 씨를 제거한다.

❷ 넓게 편 곶감 위에 잣을 넣고 만 다음 잘라 사용한다.

21. 중합 타르타르소스 야키

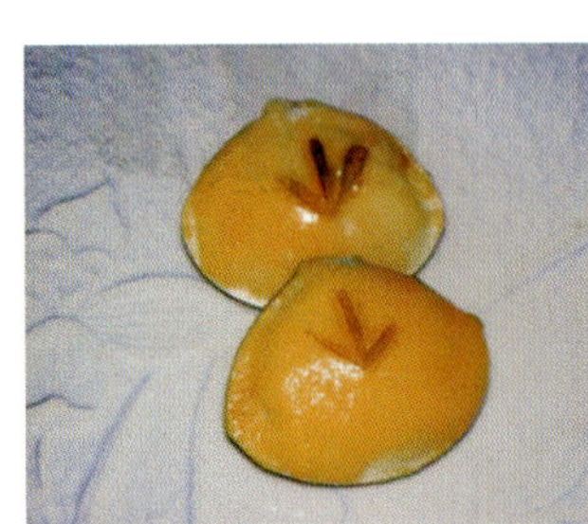

❶ 중합을 삶아 살이 붙은 것을 고른다.

❷ 양파는 미징기리하여 살짝 볶는다.

❸ 계란은 완숙하여 흰자만 다지고 노른자는 손으로 부순다.

❹ 스위트 피클도 다져 놓는다.

❺ 양파, 계란, 피클에 마요네즈를 넣어 섞은 다음 중합 위에
얹고 살짝 구운 다음 김가루를 첨가하여 낸다.

22. 닭고기 안심 치즈 연어 말이

❶ 닭고기 안심은 힘줄을 제거하고 얇게 포를 뜬 후 소금으로
약하게 간을 한다.

❷ 연어와 치즈는 각각 1cm 크기로 길이는 적당히 잘라둔다.

❸ 김발 위에 호일을 깔고 닭고기 안심, 치즈, 연어를 얹어서
만 다음 찜통에 15분 정도 찐다.

❹ 식힌 다음 잘라 사용한다.

23. 우니 애비

❶ 차새우는 대나무 꼬챙이를 끼워 소금물에 삶는다.
❷ 껍질을 제거 후 식초물에 담가 등쪽의 중간에 칼집을 약간 내고 그 사이에 찐 성게알을 넣어 사용한다.
❸ 성게알은 맛소금 약간, 정종을 조금 뿌린 다음 쪄서 사용한다(식혀서 사용).

24. 닭안심 메추리알 말이

재료 : 닭안심, 시바새우, 메추리알

❶ 닭안심을 얇게 펴서 소금간을 한다.
❷ 시바새우를 믹서기에 갈아 간을 한 다음 푸른 김가루를 약간 섞는다.
❸ 메추리알은 삶아서 껍질을 제거한다.
❹ 김발 위에 안심을 편 후 갈아놓은 새우살을 깔고 메추리알을 놓은 다음 말아서 그대로 찜통에 20분 정도 찐 후 식혀 사용한다.

25. 게살 무 말이

재료 : 게살, 무, 다시마, 해파리, 연어, 오이

❶ 게살은 익혀 준비한다.
❷ 다시마는 물에 불리고 연어는 가로, 세로 0.5cm 길이 7cm 크기로 썬다.
❸ 무는 돌려깎기하여 소금물에 담근다.
❹ 오이는 자바라쓰케 한다.
❺ 무 위에 다시마를 펴고 게살과 연어를 놓은 다음 말아 아마스에 담가둔다.
❻ 꼭 짠 다음 그림과 같이 썰어 낸다.

26. 가리비 시오우니 야키

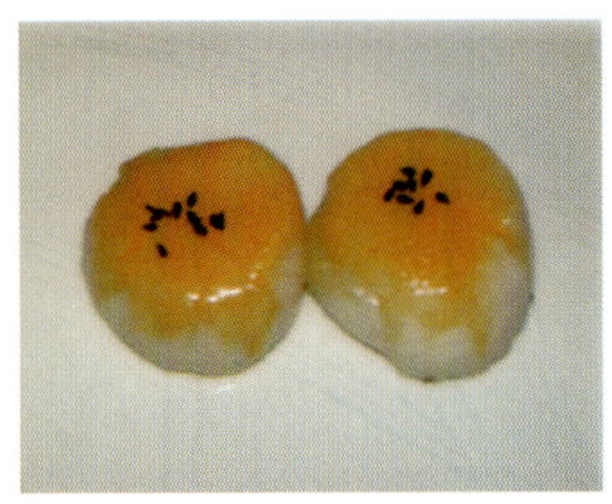

❶ 관자는 소금 약간하여 야키바에 살짝 굽는다.

❷ 시오우니, 계란 노른자, 조미료를 함께 섞어 관자 위에 얹은 다음 검정깨를 뿌려낸다.

27. 아나고 긴시 노리마키

재료 : 아나고, 김

❶ 먼저 아나고를 졸여서 살짝 구워 15cm 크기로 자른 다음 세로로 3~4등분한다.

❷ 김발을 펴고 긴시를 놓은 다음 조린 아나고를 첨가하여 김으로 만다.

❸ 프라이팬에 살짝 굴려서 사용한다.

28. 이카 야키

재료 : 갑오징어 몸살

❶ 갑오징어살은 한쪽면을 칼집을 넣어 시모후리한다.

❷ 야키바에 칼집을 넣은 부분을 굽는다.

❸ 적당히 구워지면 얼음물에 식혀서 물기를 제거한다.

❹ 사이다, 연간장, 설탕, 소금에 색소나 바이니쿠를 첨가하여 조린 다음 사용한다.

29. 시이다케 우라시로

❶ 시바새우를 믹서기에 갈면서 양념을 한다(계란 노른자, 간
   장, 미림, 소금, 정종).

❷ 표고버섯은 꼭지를 제거한 다음 안쪽에 칡가루, 밀가루를
   묻혀 갈아놓은 스리미를 부친다.

❸ 스리미를 부친 표고버섯을 찜통에서 20분 정도 찐다.

❹ 가쓰오다시, 진간장, 소금, 정종, 미림, 설탕으로 간을 한
   소스에 담궜다가 사용한다(약간 단맛이 나야 한다).

30. 아와비 이소베 아게

❶ 사복은 얇게 포를 뜬다.

❷ 계란 흰자, 정종, 칡가루, 김가루를 함께 섞는다.

❸ 사복에 전분으로 초벌 무침을 한 다음 ❷에 넣어 기름에
   튀긴다.

❹ 낼 때는 소금을 약간 뿌려낸다.

31. 아유초밥 말이

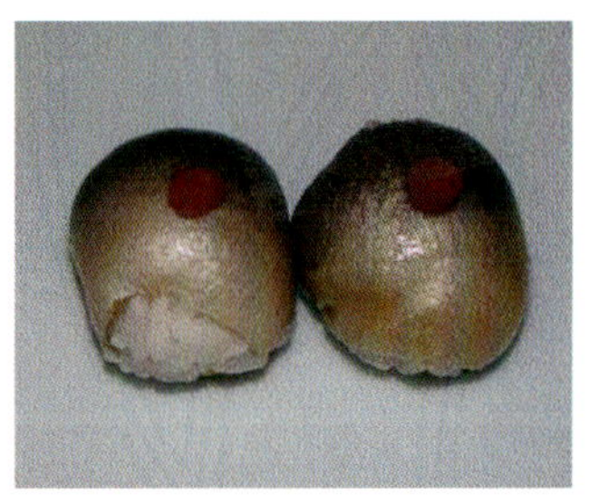

❶ 은어를 오로시하여 기초 손질한 후 바닷물 농도의 소금
   물에 1시간 정도 담갔다 건져 식초 4, 설탕 1에 10분 정
   도 담군다(칼집을 넣어준다).

❷ 초밥에 시소를 채 썰어 섞은 후 김발 위에 행주를 깔고
   편 다음 스시가리와 은어를 얹어 만 다음 잘라 사용한
   다.

❸ 낼 때에는 고명으로 바이니구를 놓아준다.

5

맑은국물

맑은국물

도미 머리	60g
소 금	3g
정 종	5cc
송 이	10g
미쯔바	1줄기
유 자	1g

만드는 법

도미맑은국

1. 도미는 끓는 물에 데쳐 비늘을 제거한다.

2. 다시마를 도미 머리와 끓여 익히며 거의 익을 무렵 송이도 넣는다.

3. 용기에 도미 머리와 송이 미쓰바를 넣고 고명으로 유자를 놓아준다.

1

산마 표고버섯 맑은국

1. 산마를 두께 0.3cm로 평행하게 자른다.

2. 자른 산마를 나뭇잎 형태로 만들어 살짝 데친다.

3. 표고버섯은 머리 부분에 칼집을 내어준다.

4. 시금치는 데치고 당근은 매실형을 만들어 살짝 익힌다.

5. 일번 다시에 위의 재료를 넣고 간을 한 다음 유자껍질을 곁들여 낸다.

2

갑오징어	40g
계란	1개
당근	15g
유자	3g
바이니쿠	1g

갑오징어 계란두부 맑은국

만드는 법

3

1. 계란과 일번다시를 섞어 소금, 미림, 간장으로 간을 하여 사각팬에 찐다.
2. 갑오징어 살을 4각 형태로 잘라 양면으로 촘촘히 칼집을 내어준 다음 살짝 데친다.
3. 당근은 꽃무늬를 내어 살짝 데쳐 놓는다.
4. 일번 다시에 위의 재료를 넣고 소금, 정종, 연간장으로 간을 한다.
5. 고명으로 유자껍질을 넣고 갑오징어 위에 바이니쿠를 첨가하여 낸다.

재 료	
차새우	1마리
산마	60g
갑오징어살	30g
두릅	20g
유바	5g
당근	10g
계란흰자	1개
소금	2g
정종	0.5cc
미림	0.5cc
전분	3g
간장	1cc

새우 산마 맑은국

만드는 법

1. 차새우를 삶아 껍질을 벗긴다.
2. 산마와 갑오징어 살을 믹서기에 간다.
3. 소금, 정종, 미림, 전분, 간장으로 간을 한다.
4. 나가시캉에 위의 재료를 넣고 찜통에 찐 다음 적당한 크기로 자른다.
5. 두릅은 살짝 데쳐 준비하고, 당근은 모양있게 손질하여 데쳐 놓는다.
6. 일번 다시에 준비한 재료를 넣고 소금, 연간장, 정종으로 간을 하고 마지막으로 유자를 놓아낸다.

종합	2마리
다시마	5cm
미쓰바	1줄기
유자껍질	1g
정종	15cc
소금	약간
물	250cc
연간장	5cc

만드는 법

대합국

1. 조개는 바닷물 농도의 용액에 하루 이상 담갔다 사용한다.

2. 다시마는 염분을 제거하고 칼집을 내어준다.

3. 준비된 물 250cc에 조개와 다시마를 넣고 중불에서 끓인다.

4. 물이 끓기 시작하면 다시마를 꺼내고 불을 약하게 조절한다.

5. 정종과 소금, 간장 등을 이용하여 간을 한다음 고명으로 유자와 미쓰바를 넣어 완성한다.

주의 조개는 둔탁한 소리가 나면 변질된 것이며 금속성이 부딪히는 소리가 나야 살아 있는 것이다. 간이 짜지 않게 조리한다.

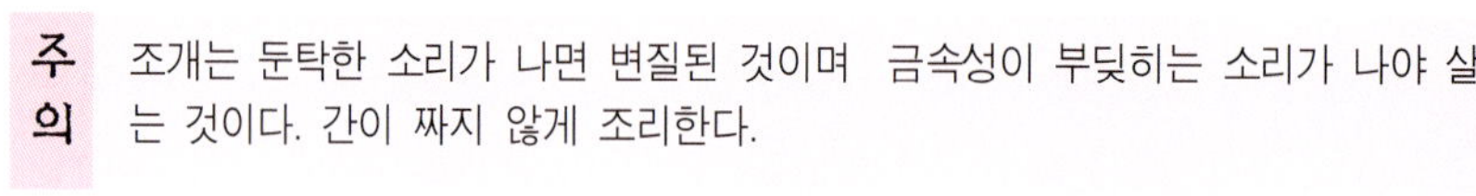

송이버섯 맑은국

1. 송이는 잘 씻어 잘라놓는다.

2. 흰살생선과 닭고기는 살짝 데쳐서 준비한다.

3. 일번다시에 준비된 재료를 넣고 간을 한 다음 고명으로 미쓰바를 놓고 낼때는 스다치를 첨가한다.

주의 내용물이 너무 많지 않게 조리한다.

6

사시미

샤시미

일 본요리의 대표적인 요리라 표현되는 생선회는 기구와 칼, 도마, 행주 등은 청결을 요하고 생선류는 선도를 중요시해야 하며 가급적 먹기에 편하게 조리한다. 관동지방에서는 사시미, 관서지방에서는 오쓰쿠리(お造リ)라 한다.

제1절 횟감생선 종류

- 흰살생선(白身魚) ― 광어, 도미, 옥도미, 보리멸, 가자미, 농어, 복어
- 붉은살생선(赤身魚) ― 가다랭이, 참치
- 등푸른생선(光物) ― 방어, 고등어, 전갱이, 학꽁치, 전어, 뱅어
- 민물생선 ― 은어, 붕어, 잉어
- 패류 ― 전복, 피조개, 관자
- 기타 ― 오징어, 새우, 문어 등

제2절 사시미 커는 방법

1. 히라쓰쿠리(平作リ)

'평썰기'라고 하며, 포를 뜬 생선을 도마 앞 3cm 지점의 앞쪽에 놓고 좌측 손으로 가볍게 누른 다음 칼을 들고 있는 오른손으로 주재료인 생선을 일정하게 잘라 오른쪽으로 배열해가며 자르는 방법으로 약간 두툼한 생선을 자를 때 사용한다.

용도 : 참치, 방어, 도미, 광어 등.

2. 가쿠기리(角切リ)

포뜬 생선을 막대모양으로 만들어 가로, 세로 1.5cm 정도
의 정사각형 모양처럼 써는 방법

   용도 : 마구로, 꽃다랑어 등

3. 이도기리(系切リ)

실처럼 가늘게 자르는 방법으로 두께가 있는 갑오징어나
한치등을 2~3등분하여 자를 때 사용한다.

4. 사자나미쓰쿠리(さざなみ造リ)

파도 물결 모양처럼 자르는 방법이다. 주재료에 칼집을 내
어주는 형태로서 모양도 좋게 하고 간장을 찍어 먹을 때도
편리하다

   용도 : 문어, 전복, 오징어 등

5. 나루도쓰쿠리(鳴門造リ)

기초 손질한 오징어나 한치 등을 사용해서 겉표면에 칼집
을 내고 속에는 김이나 오이 무순 등을 넣어 만 다음 잘라주
는 형태를 말한다.

6. 야에쓰쿠리(八重造リ)

방어뱃살이나 가마살 등을 가로로 0.4cm 정도로 칼집을 낸 다음 히라쓰쿠리 형태로 자르는 방법을 말한다.

7. 유비키쓰쿠리(湯引き造リ)

참치나 가다랭이 등을 끓는 물에 살짝 데친 다음 얼음물에 넣었다가 물기를 제거하고 가쿠기리 형태로 써는 방법을 말하는데 살이 약간 굳어져서 씹히는 맛을 연출할 수 있다.

8. 우스쓰쿠리(薄造リ)

도미나 복어와 같은 생선에 적합하며 접시에 담았을 때 밑이 훤히 보일 정도로 얇게 써는 형태다. 먹을 때는 폰즈와 함께 먹는다.

9. 세코시(背越し)

전어, 가자미, 은어 등 활어에 적합한 방법이다. 머리, 내장, 지느러미를 제거하고 뼈를 잘라 냉수에 씻어내어 물기를 없앤 다음 이도기리 형태로 잘라 취식한다. 소스는 초된장이나 고추장이 적당하다.

1. 아라이(洗い)

생선을 기초 손질하여 포를 뜬 다음 얼음물에 담가 씻어
낸 다음 물기를 제거하고 사용하는 방법. 농어, 도미, 잉어
등에 적합하며 여름에 주로 이용된다.

2. 마쓰가와 쓰쿠리(松皮造リ)

도미를 기초 손질하여 5장 뜨기한 다음 껍질 쪽만 뜨거운
물을 붓고 신속하게 얼음물에 식혀 사용하는 방법으로 주로
도미에 사용되며 생선이 설 익으면 질기므로 적당하게 해야
한다.

3. 야키 시모후리(燒き霜降リ)

껍질이 질기고 비린내가 강한 생선에 적합하며 부채꼴 형
태로 꼬챙이를 끼워 강한 불에서 표면만 구운 다음 얼음물에
식혀 수분을 제거하고 사용한다.

4. 스지메(酢じめ)

비린내가 강한 등푸른 생선을 3등분하여 뼈를 제거하고
소금을 뿌려 재워둔 후 약 1시간쯤 지난 후에 씻어서 식초물
에 절였다가 사용하는 형태이다.

5. 고부지메(昆布じめ)

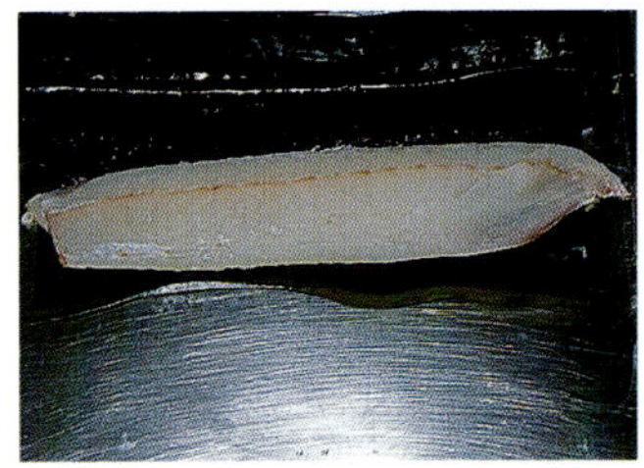

　광어를 얇게 포떠서 다음 소금을 약간 뿌려둔 다음 염분을 제거한 다시마에 광어를 놓고 말거나 펴서 다시마의 맛이 생선에 가미되도록 한 후 다음 취식한다.

6. 기미 마부리(黃身まぶ綾)

　흰살생선이나 갑오징어 등을 포를 떠서 장미처럼 말아 계란 노른자 가루를 묻혀 장식하여 낸다.

제 4 절　사시미 담는 요령

　생선회는 먹기 좋고, 보기 좋으며 전체적으로 어울리게 담아야 한다. 대체적으로 값이 비싼 생선을 주고객 앞으로 눈에 띄게 놓는다든지, 색상의 조화에 비중을 두고 산처럼 높낮이를 고려한 대각선 형태로 담는 것이 중요하다.
　여러 가지 담는 방법이 다르나 의식 모리에 있어서는 3, 5, 7 등의 홀수로 담는다. 온마리 생선을 장식하거나 배에 담는 형태, 그리고 재료 위에 지그재그로 담는 방법 등 다양하게 활용한다.

1. 용기선택

견고하고 광택이 있으며 청결하고 약간 차갑게 느껴지는 기물을 선택한다.

2. 장식

- 공간미를 살려서 상쾌하고 깔끔하게 담는다.
- 너무 화려하면 생선회의 가치가 저하되기 때문에 고려해야 한다.
- 양은 너무 많지 않게 한다.
- 계절감을 살린다.
- 맛의 중복을 피한다.
- 생선의 특성에 따라 써는 방법을 달리한다.

3. 곁들임요리

1) 갱(けん)

무, 오이, 양배추, 당근, 비트 등을 사용한다.
무 등은 돌려깍기하여 채 썬 다음 찬물에 잘 씻어 특유의 냄새를 씻은 후 사용한다.

2) 쓰마(つま)

생선회의 풍미를 더하기 위하여 계절에 맞게 1~2 종류를 곁들인다.

4. 양념간장

1) 폰즈 (ポン酢)

재 료 : 간장 4, 다마리 0.6, 식초 3, 오렌지 주스 4

위의 재료를 혼합한 다음 다시마와 가쓰오 부시를 첨가하여 3~4일 정도 재 웠다가 소청으로 찌꺼기가 없게 걸러 사용한다.

2) 도사쇼유 (土佐正油)

재 료 : 다시 6, 식초 4, 연간장 0.5, 미림 0.5, 술 0.5, 설탕, 소금, 가쓰오부시

위의 재료를 혼합하여 가쓰오 부시를 첨가한 다음 2~3시간 경과 후 소청에 걸러서 사용한다.

3) 삼바이스 (三杯酢)

재 료 : 식초 2, 간장 0.6, 가쓰오다시 3, 백설탕 0.3

위의 재료를 섞어 끓인 다음 식혀서 사용한다.

4) 다마리쇼유 (だまり正油)

달고 신 냄새가 나며 캐러멜처럼 색상이 진하다.

5) 쇼가쇼유 (生姜正油, 생강간장)

오징어, 새우 등 단맛이 있는 재료는 생강즙을 넣어서 먹으면 특유의 맛을 느 낄 수 있다. 또한 등푸른 생선 등 비린내가 강한 식재료를 사용시에도 생강간장 을 사용한다.

도미 모듬회

고등어회

아구간과 모듬 생선회

장어와 모듬 생선회

복어 사시미

모듬 사시미

日
食

도미 사시미

참치뱃살과 광어 사시미

정식 사시미

전복 사시미

세코시회

도미 사시미

다금바리

흰살 생선회

日
食

1. 가쓰오 다다키 쓰쿠리

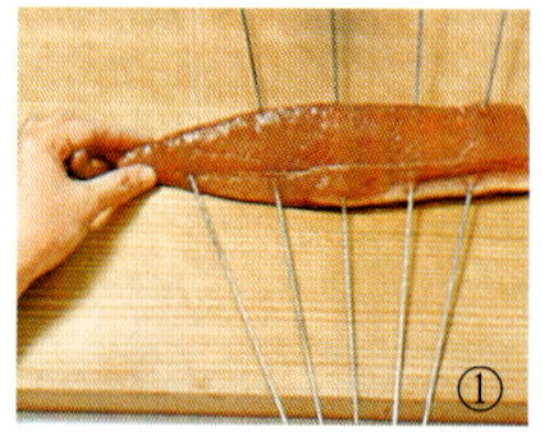

오로시(포뜨는 작업)한 가쓰오를 부채꼴 모양으로 쇠꼬챙이를 꿴다.

껍질이 불에 너무 타지 않게 굽는다.

준비된 얼음물에 구운 부위를 넣어 식힌다.

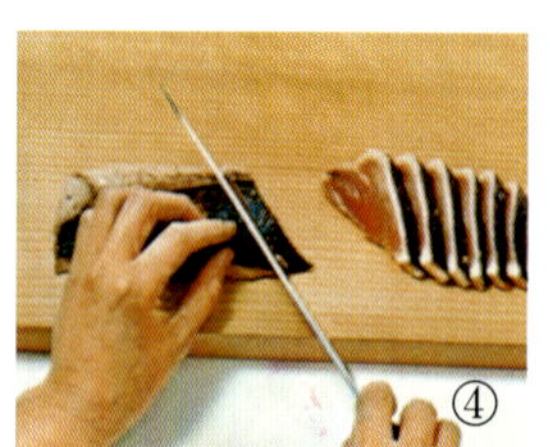

물기를 제거하고 사시미를 켠다.

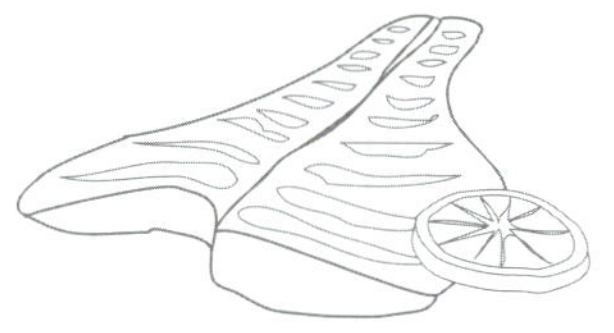

2. 도미 오로시

비늘을 제거하고 도미의 배를 갈라 내장을 제거한다.

머리가 왼쪽으로 오게 하고 가마(가슴 지느러미)밑에 칼을 넣어준다.

반대편으로 돌려 같은 방법으로 칼을 넣어 준 다음 머리와 몸통을 분리한다.

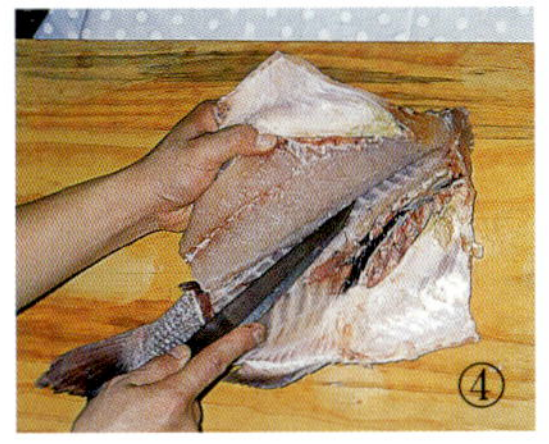

내장 속에 들어 있는 이물질을 제거하고 데바칼 날이 등뼈 바로 밑에 가게 한 다음 머리 쪽에서 꼬리 쪽으로 힘을 가해 당긴다.

니마이오로시(2장 뜨기)를 한다.

뼈가 붙어 있는 도미를 같은 방법으로 오로시를 한다.

중간뼈와 양쪽 살로 분리하여 산마이오로시(3장뜨기)를 완성한다.

도미 가슴뼈를 살이 붙지 않게 분리한다.

도미살 가운데에 뼈가 붙어 있으므로 칼을 넣어 등쪽 살과 가슴 쪽 살로 분리한다.

가운데 뼈를 중심으로
양면의 살을 분리한 다
음 사시미를 켤 수 있게
고마이오로시(5장뜨기)
를 완성한다.

껍질을 벗긴 다음 용도
에 맞게 사용한다.

3. 도미머리 손질하기

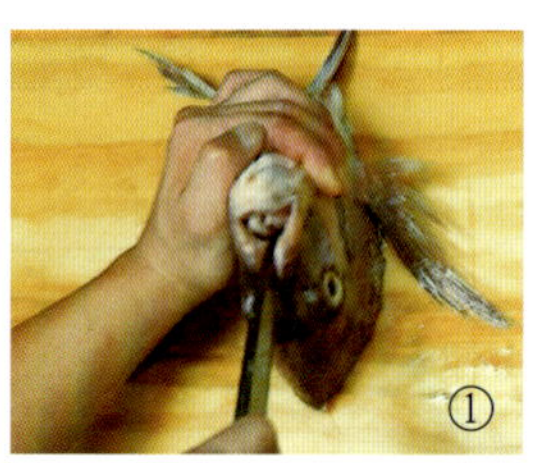

도마 위에 도미 머리뼈
가 앞쪽으로 오게 한 다
음 주둥이 안으로 데바
칼을 넣는다.

데바칼이 도미 머리의
중앙 부위를 관통하도록
힘을 가한다.

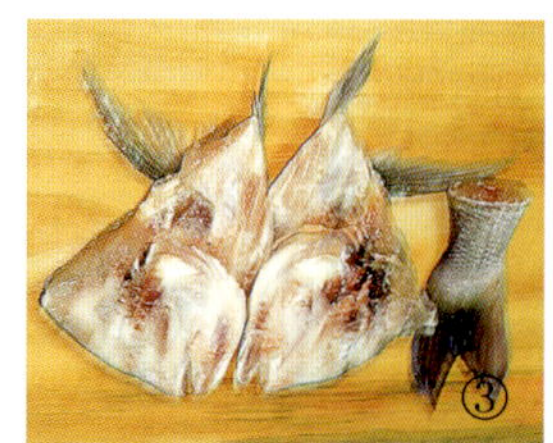

머리를 완전 분리한 다
음 시모후리(뜨거운 물
에 데치는 작업)하여 사
용한다.

4. 농어 오로시

배를 갈라 내장을 제거한다.

가마(가슴 지느러미) 바로 밑 양면에 칼을 넣어 머리와 몸통을 분리시킨다.

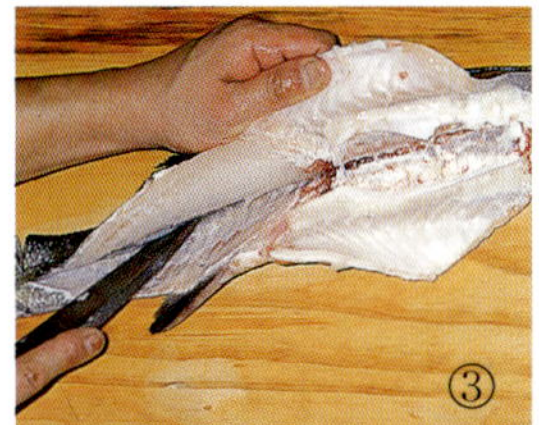

머리 쪽에서 꼬리 쪽으로 칼을 넣고 반대쪽도 같은 방법으로 전개한다.

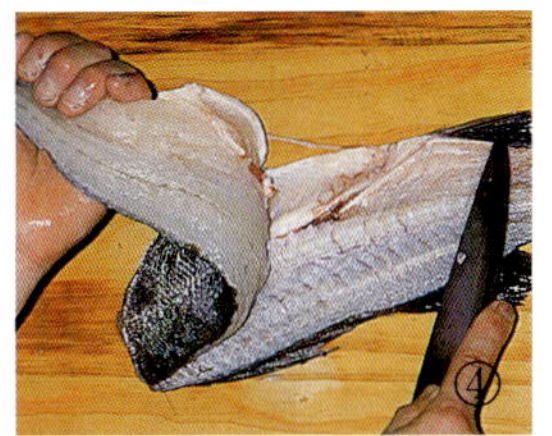

꼬리 쪽의 살끝을 넓어 준 다음 뼈가 붙어 있는 몸통을 오른손 데바칼로 누르고 왼손으로 농어 꼬리부분을 잡아 힘껏 당긴다.

니마이오로시를 완성한다.

뼈가 붙어 있는 살을 머리 쪽에서 꼬리 쪽으로 힘을 가해 당겨 주면서 분리시킨다.

산마이 오로시를 완성한다.

가슴뼈를 살이 붙지 않게 떼어낸다.

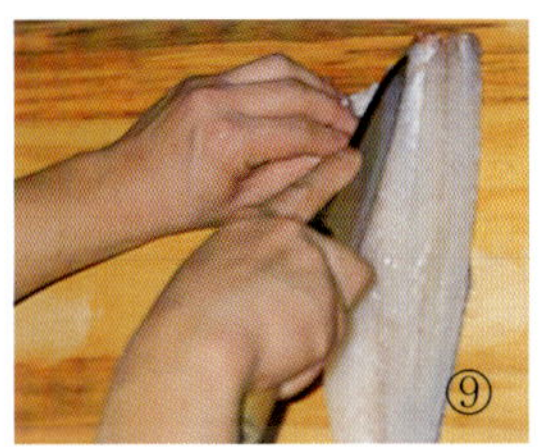

가운데 뼈를 중심으로 2등분한다.

사시미(회)를 켤 수 있
게 고마이오로시를 한다.

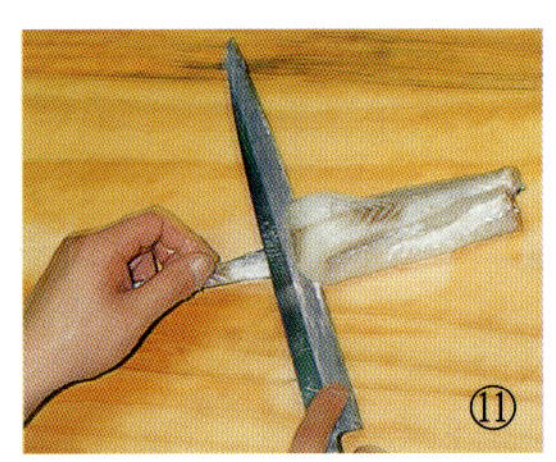

껍질과 살을 분리하여
얇게 포를 뜬다.

얼음물에 포를 뜬 농어
살을 넣고 아라이(물에
씻는 작업)한다.

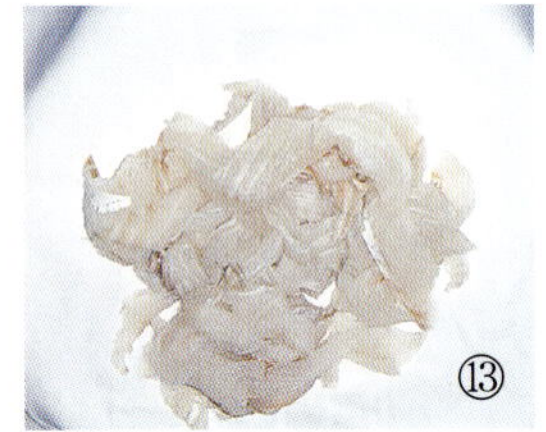

깨끗한 행주를 펴고 살
을 건져낸 다음 물기를
제거하고 사용한다.

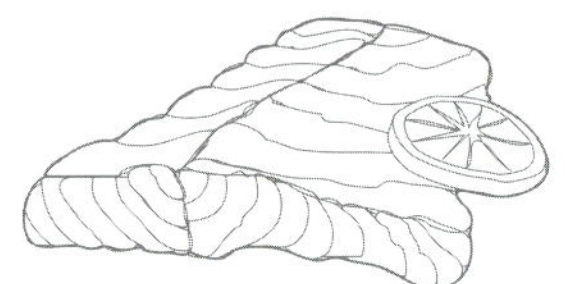

5. 고등어 오로시

가슴 지느러미 밑에 칼
을 넣고 일직선으로 자
른다.

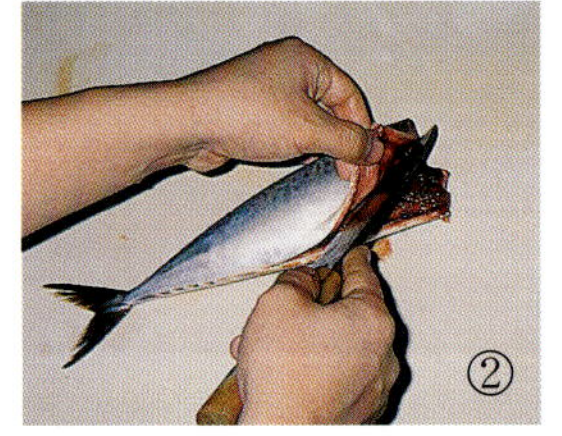

배를 가르고 내장을 제
거한 다음 깨끗이 씻는
다.

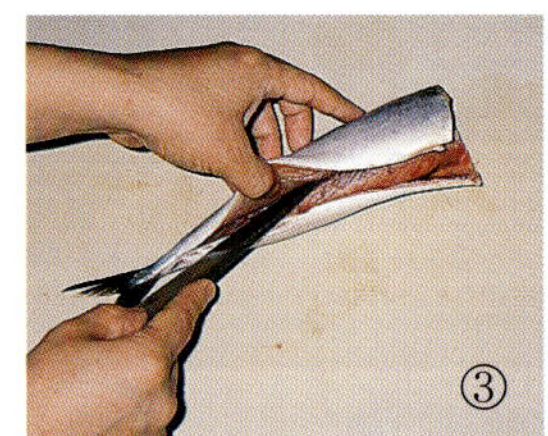

살이 으깨지지 않게 조
심스럽게 칼을 넣는다.

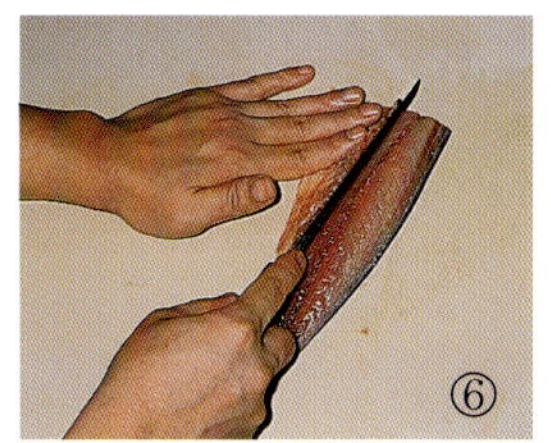

양면에 칼집을 넣은 다음 마지막에 꼬리 쪽에서 자른다.

뼈가 붙어 있는 살을 같은 방법으로 오로시한다.

갈비뼈를 제거한다.

밑면에 소금을 뿌린 다음 오로시한 고등어의 살 쪽이 위를 향하게 하고 소금을 뿌려 3시간 정도 놓아둔다.

소금을 물로 씻어내고 식초와 물의 비율을 1:1로 하고 대파, 다시마, 양파, 레몬을 첨가한 다음 20분 정도 냉장고에 보관한다.

물기를 제거하고 호네누끼(뼈를 뽑는 작업)한 다음 사용한다.

고등어 사시미 혹은 초밥 등 용도에 맞게 사용한다.

6. 방어 오로시

껍질을 벗겨낸다.

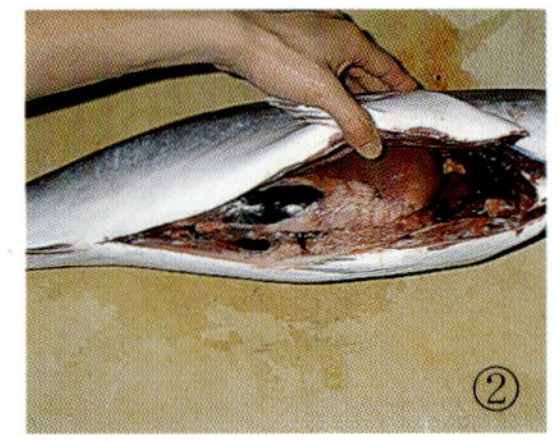

배를 가르고 내장을 제거한다.

가마(가슴 지느러미) 바로밑에 칼을 넣는다.

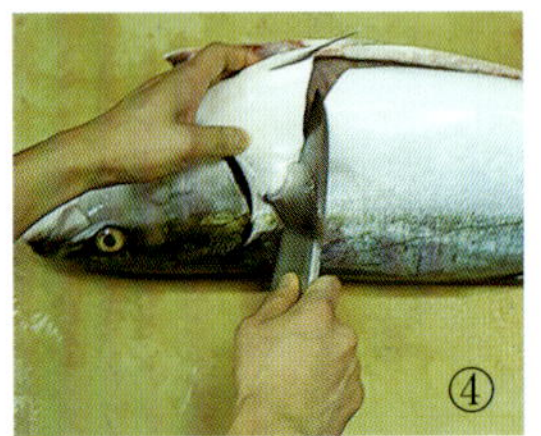

반대로 뒤집어서 같은 방법으로 칼을 넣어 머리와 몸통을 분리한다.

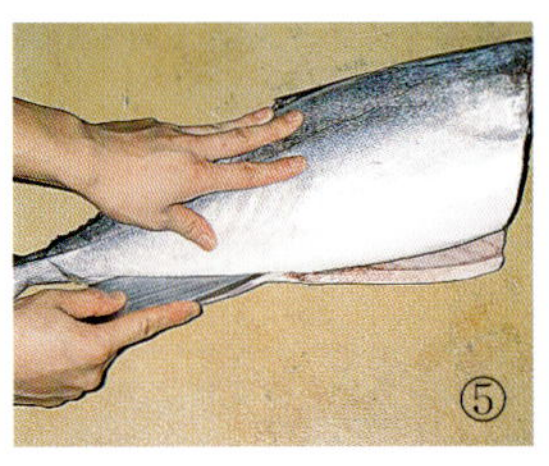

내장과 치아이(피맺힘)를 제거하고 오로시를 한다.

니마이오로시를 완성한다.

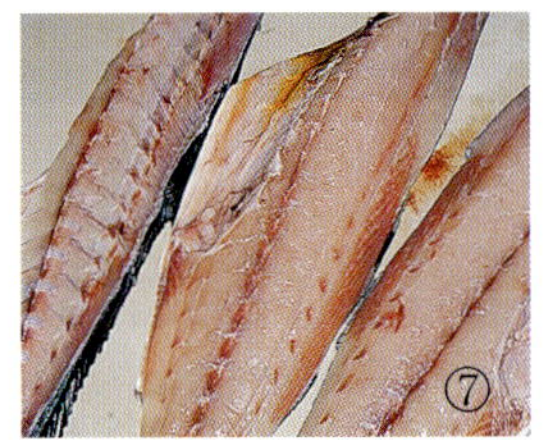

산마이오로시를 완성한다.

사시미(회)를 켤 수 있게 고마이오로시를 한다.

7

조림요리

조림요리

1. 냄 비

냄비는 조리하고자 하는 양보다 조금 큰 것을 선택하며 밑면이 두터운 것을
사용한다.

2. 재료의 선택과 끓이기

항상 재료는 먹기 쉽고 보기 좋으며 맛있게 조리함을 원칙으로 한다. 야채류
나 생선류, 기타 재료와 다시를 넣고 끓이면서
- 사(さ) : 설탕(砂糖)
- 시(し) : 소금(塩)
- 스(す) : 식초(酢)
- 세(せ) : 간장(正油)
- 소(そ) : 된장(味噌)
의 순서로 간을 하여 완성하며 마지막에 고명으로 장식한다.

3. 조미료의 사용법

1) 설탕(砂糖, 사토)

많은 양을 넣으면 본래의 주재료가 갖고 있는 맛을 상실하기 때문에 적당량을
넣어 조리한다.

2) 미림(味淋)

설탕 1/2 정도의 단맛과 감칠맛이 있으며 조리시에는 알코올 누키(끓여서 알
코올을 날려 보내는 방법)하여 사용하면 특유의 맛을 느낄 수 있다.

3) 간장(正油, 쇼유)

- 간장은 크게 진간장(고이구치- 濃口)
- 연간장 (우스구치- 薄口)
- 다마리 (だまり)
로 분류하며 조리하는 방법에 따라 적절히 사용한다.

4) 소금(塩, 시오)

많은 양을 넣으면 맛을 교정하기가 어려우므로 주의가 요망되며 맛을 결정하는 중요한 역할을 한다.

5) 술(酒, 사케)

감칠맛과 풍미를 증가시켜 주는 역할뿐만 아니라 비린내를 제거하는 역할을 한다.

4. 니쓰케(煮つけ, 조림요리)

대부분의 어류를 조리하는 데 사용되는 방식으로 비교적 진하게 조리하며 국물이 소량이다.

5. 아라니(あら煮)

도미, 방어, 가다랭이 등을 주재료로 가쓰오다시, 설탕, 진간장, 다마리를 강불에서 5분, 중불에서 5분, 약불에서 5분 정도로 은근히 졸여내는 방식인데 아스파라거스나 꽈리고추, 죽순, 우엉 등을 첨가하면 더욱더 맛있는 조림을 할 수 있다. 고명으로 기노메나 썬 생강을 사라시하여 곁들인다.

6. 미소니(みそ煮)

된장으로 생선의 비린내를 제거하고 풍미를 연출해 내는 방식이다. 된장에 미림, 술, 설탕 등을 첨가하여 그 속에 생선을 24시간 저장했다가 꺼내어 조리한다. 주로 등푸른 생선(고등어, 전갱이, 정어리)을 조리할 때 사용한다.
야채로는 무와 이십일무를 첨가하면 좋고 된장을 넣을 때는 처음에는 약하게 졸이다가 점점 농도를 맞춰가며 마무리한다.

7. 니시메(煮しめ)

우엉, 곤약, 전복, 소고기, 죽순 등을 조릴때 유용하다. 가쓰오다시, 설탕, 진간장, 다마리를 넣고 중불에서 약불로 조절하며 국물이 거의 졸여질 때 완성한다. 주로 도시락에 많이 사용한다.

8. 시구레니(時雨煮)

쇠고기, 모시조개, 대합, 다랑어, 가다랭이 등을 조리할 때 사용하며 간장으로 색상과 맛을 조절하나 연하게 조리한다. 생강즙을 넣으면 훨씬 맛을 증가시킨다.

9. 기미니(黃身煮)

차새우, 보리멸, 아나고, 바닷가재 등의 재료에 전분과 계란 노른자를 묻혀 가쓰오다시, 간장, 미림, 정종으로 간을 한 국물에 익혀 완성한다.

10. 구소쿠니(具足煮)

왕새우나 오도리, 게 등을 껍질 채 요리하는 방법으로 고급요리에 속한다.

11. 후쿠메니(厚め煮)

감자, 근대류, 건어물류 등을 다량의 조미된 국물에서 완성하는 조리법으로 맛이 엷은 것이 특징이며 주재료가 부서지지 않게 면을 손질한다.

12. 시로니(白煮)

산마, 연근, 토란, 땅두릅 등을 가쓰오다시, 연간장, 소금으로 간을 하여 조리하며, 주재료의 색상을 그대로 살려준다.

13. 우마니 (旨煮)

감자, 당근, 죽순, 표고, 우엉, 닭고기 등을 적절하게 잘라 초벌로 익힌 다음 간
장, 미림, 정종, 소금 등으로 독특한 맛을 연출하고, 약간 짙은 맛이 나게 조리한
다.

14. 이리니 (前リ煮)

연근, 우엉, 가지 등을 사전에 기름으로 볶은 다음 간을 하여 맛을 내는 조리
법이다.

15. 아게니 (揚げ煮)

가지, 두부, 곤약 등을 튀겨서 졸이는 방법으로 밀가루나 전분을 사용하며 두
부튀김, 조림이나 닭고기, 돼지고기 등도 맛을 돋울 수 있다.

16. 간로니 (甘露煮)

주로 민물고기나 강고기를 졸일 때 많이 사용하나 청어, 빙어, 은어, 방어를 조
릴 때도 사용한다. 달게 졸이는 것이 특징이며 설탕, 미림, 간장, 다마리, 물엿 등
을 적절하게 배합하여 국물을 계속해서 끼얹어 주면서 졸인다.

이때 호지차의 국물을 섞어 졸이면 부드러운 맛을 더할 수 있으며 설탕을 너
무 많이 넣게 되면 주재료가 단단해지므로 주의하여야 한다. 간로니를 할 때는
전체 재료를 초벌구이한 다음 사용하며 작품이 완성되면 아리마 산쇼를 다져 첨
가한 다음 식혀 사용한다. 빙어와 같이 작은 생선은 대나무 꼬챙이를 끼워 발처
럼 엮어 조리하면 편리하고 죽순 껍질을 넣기도 한다.

도미	300 g
우엉	20g
죽순	15g
아스파라거스	15g
꽈리고추	10g
썬 생강	5g
정종	150cc
설탕	20g
진간장	40cc
다마리	10cc

도미조림

1. 도미는 오로시하여 시모후리(데치기)한 다음 비늘을 제거한다.

2. 우엉은 껍질을 벗긴 다음 6~8등분하여 삶아둔다.

3. 아스파라거스는 뿌리 부분의 껍질을 벗겨내고 시모후리한다.

4. 죽순은 딱딱한 껍질을 벗겨내고 한 번 삶아 준 다음 적당한 크기로 썬다.

5. 냄비에 다시와 정종을 1:1 분량으로 하고 우엉과 죽순 그리고 도미를 넣는다.

6. 강불로 열을 가한 다음 5분이 경과한 후 설탕을 첨가한다.

7. 5분이 경과한 후 불조절을 약하게 하고 국물을 끼얹어 주면서 꽈리고추,
   아스파라거스를 넣어 마무리한 다음 완성되면 접시에 담고 썬 생강과 기노
   메를 고명으로 놓아낸다.

재 료	
아나고	80 g
갑오징어	30g
산마	20g
계란	1개
은행	5알
전분	5g
미림	10cc
정종	5cc
소금	2g
간장	15cc
와사비	2g

아나고 조림

1. 아나고를 손질하여 가쓰오다시, 미림, 정종, 간장, 설탕 등을 넣어 졸인다.
2. 갑오징어, 산마, 계란, 은행, 전분과 미림, 정종, 소금, 간장으로 간을 하여 믹서기에 간다.
3. 그릇에 담은 졸인 아나고에 갑오징어 간 것을 싸서 찜통에 10분 정도 찐다.
4. 가쓰오다시에 간장과 전분을 풀어 아나고 위에 끼얹는다.
5. 고명으로 와사비와 기노메를 첨가하여 낸다.

18

8

찜요리

찜 요 리

맛과 향이 그대로 유지되며 태울 염려가 없는 조리방법으로 찜통은 넓은 것을 사용하는 게 좋고, 계란류는 약불에서, 생선류는 센불에서 찐다. 주재료에 따라 약간의 차이는 있으나, 20~30분이면 완성된다.

1. 찜 통 (蒸し器)

바닥이 넓고 높이가 낮은 것이 좋다. 나무 찜통과 금속성으로 된 것이 있으나 업소용으로는 스테인리스나 알루미늄으로 된 것이 이상적이다.
항상 열을 가해서 증기가 올라올 때 재료를 넣어야 하며, 여분의 수분을 흡수하게 하기 위해 요리용 행주를 덮는 것도 하나의 방법이다.

2. 불조절 (火かけん)

계란찜이나 계란두부 등은 뚜껑을 약간 열어주고 은은한 불에서 찌지만 생선류나 감자, 만두 같은 재료를 찔 때는 강한 불에서 쪄야 한다.

3. 재 료

1) 어패류 - 도미, 옥도미, 광어, 전복, 대합

2) 육류 - 닭, 오리

3) 야채 - 송이버섯, 무청, 밤, 감자, 토란

4. 술찜 (酒蒸し, 사카무시)

도미, 전복, 대합, 닭고기 등을 이용하여 술과 다시의 비율을 5:5 정도로 하고 소금 간을 한 다음 배추, 표고버섯, 두부, 죽순 등의 야채를 곁들여 맛을 낸다. 이때, 주 재료가 가진 맛을 그대로 연출 하기 위해서는 신선도가 매우 중요하며 두께가 두꺼운 도미 머리나 기타재료는 국물간이 스며들기 좋게 칼자국을 내어주고 완성되면 고명을 첨가한다.

5. 가부라무시(がぶら蒸し)

계란 흰자와 강판에 간 무청으로 거품을 만들어 흰살생선, 돔, 옥돔, 뱀장어 등의 재료 위에 올려 찌는 방법으로 생선은 데치거나 구워서 사용하기도 한다.

6. 신쥬무시(信州蒸し)

흰살 생선을 이용하여 메밀국수를 삶아 재료 속에 넣거나 감싸서 찜한 요리로 주로 가을, 겨울에 적합하며 차소바를 사용한다.

7. 도묘지무시(道明寺蒸し)

물에 불린 도명사 전분(찹쌀을 건조시켜 잘게 부숴 놓은 상태)으로 재료를 감싸거나 위에 올려 놓고 찌는 조리 방법이며 주로 흰살생선을 이용하며 색상을 넣어 계절감을 살리기도 한다.

茶碗蒸し
(자완무시)

만드는 법

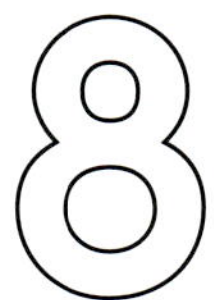

계란찜

1. 기본다시와 계란의 비율을 3:1로 하여 소금, 간장, 미림으로 간을 한 다음 잘 섞어 소청으로 걸러 놓는다.
2. 새우는 껍질과 등쪽의 이물질을 제거하고 살짝 데친다.
3. 표고버섯은 한 번 데치고 은행은 껍질을 벗겨둔다. 인삼, 대추 등도 잘게 썰어둔다.
4. 용기에 새우, 닭고기 기타 재료를 넣고 준비된 계란물을 붓는다.
5. 물이 끓어 오르면 찜통에 넣고 약한 불에서 약 15분 정도 찐다. 용기 사이에 가재 행주를 끼워 물방울이 떨어지지 않게 한다.
6. 찜의 마무리는 대나무 꼬챙이를 이용해 찔러 보아 맑은 물이 나오면 완성된 것이다. 이때 유자껍질과 미쓰바 바이나쿠 등을 넣어 향과 색상을 맞춰 낸다.

재 료	
가쯔오다시	700cc
간장	100cc
계란	10개
유자	5g
소금	약간
미림	100cc

계란두부

만드는 법

1. 계란과 가쯔오다시를 섞어 거품기로 거품이 일지 않도록 섞은 다음 간장, 소금, 조미료로 간을 한다(계란과 다시는 1:1.5 정도).
2. 간을 한 계란물을 고운 체에 내려 나가시캉(사각 스테인리스팬)에 붓는다.
3. 나가시캉, 기름종이나 우스이다(나무종이)를 이용하며 거품을 완전히 제거한다음 사각팬 위에 대나무 젓가락 2개를 걸쳐 행주로 덮은 다음 약한 불로 찐다.
4. 대나무 꼬챙이를 이용하여 익은 정도를 확인하고 완성되면 얼음물에 나가시캉 전체를 넣어 식힌다. 가로 3cm 세로 3cm 되게 잘라 사용하거나 꽃무늬 형태를 만들어도 좋다.
5. 고명으로 오이나 유자를 곁들인다.

재 료	
흰살생선	20 g
송이버섯	40 g
닭고기	20 g
차새우	1마리
갑오징어	15 g
은행	10 g
미쓰바	2 g
가마보코	5 g

주전자찜

만드는 법

1. 닭고기살은 먹기에 편리하게 썰어 시모후리한다.
2. 송이는 모래나 이물질을 깨끗이 씻어 적당한 크기로 자른다.
3. 차새우는 살짝 데쳐서 껍질과 내장을 제거한다.
4. 은행은 프라이팬에 익혀 껍질을 벗겨둔다.
5. 가마보코는 이쵸기리 하고 흰살생선은 살짝 데친다.
6. 토기 주전자에 일번다시 150cc, 미림 15cc, 연간장 10cc, 소금 3g, 정종 15cc 로 다시를 만든 다음 준비된 재료를 넣고 열을 가한다.
7. 끓으면 거품을 건져내고 미쓰바를 고명으로 놓아준다.
8. 낼 때는 스다치(영귤)를 첨가하여 낸다.

10

재 료	
도미머리	300g
배추	50g
쑥갓	15g
두부	35g
표고버섯	15g
죽순	15g
송이	20g
다시마	10g
정종	150cc
소금	5g

도미술찜

1. 도미는 손질하여 비늘을 제거한다.

2. 배추와 쑥갓은 삶아 김발로 만 다음 자른다.

3. 두부는 직사각형으로 썬다.

4. 표고는 칼집을 내주고 죽순은 한 번 삶아 모양을 낸다.

5. 그릇에 건다시마를 깔고 도미를 놓은 다음 야채류와 정종을 넣고 20분 정도 찜통에서 찐다.

6. 완성되면 간을 하고 고명으로 쑥갓과 유자껍질을 놓아 낸다.

11

재 료	
대합	2마리
죽순	15g
배추	40g
쑥갓	15g
정종	120cc
소금	3g

대합술찜

만드는 법

1. 대합은 24시간쯤 바닷물 농도의 소금물에 담가둔다.

2. 배추와 쑥갓은 삶아 김발에 만 다음 그림과 같이 잘라둔다.

3. 그릇에 대합과 야채를 놓고 정종을 첨가한 다음 찜통에서 10분 정도 찐다.

4. 소금간을 하고 고명으로 유자껍질을 첨가하여 낸다.

12

은어 두부찜

1. 은어는 비늘을 제거하고 등쪽의 뼈를 제거한다.

2. 두부는 삶아서 채에 내린다.

3. 다시마 우엉 등의 야채는 슬라이스 한다.

4. 은행은 익혀 자르고 전체 재료를 계란 두부와 섞어 엷게 간을 한다.

5. 은어 사이에 간을 한 재료를 넣고 꼬챙이를 끼운다.

6. 찜통에서 15분 정도 쪄 완성하고 가쓰오다시 270cc, 정종 4티스푼, 연간
   장 1티스푼, 전분 2티스푼으로 앙가케를 하여 뿌려낸다.

13

9

튀김요리

튀김요리

일본요리는 전체적으로 담백한 맛을 연출하는 특징이 있으나 튀김요리는 좀 다른 맛을 추구한다. 조리법은 간단하지만 기름의 풍미와 튀겨진 재료가 남녀노소 누구나 즐길 수 있는 요리이며 영양, 맛 등에서도 폭넓은 의미의 인기를 누린다.

제1절 필요한 도구

1. 튀김용 냄비

동이나 알루미늄, 철냄비 등 다양한 재질로 만든 기물들이 있으나 철냄비가 가장 이상적이다. 기름의 온도를 일정하게 유지하기 위하여 밑면이 윗면과 동일하고 두께가 두꺼우며 적당한 깊이가 있어야 한다. 이는 재료를 기름에 넣었을 때 저온으로 떨어진 기름의 온도가 곧바로 원상태로 돌아오게 하기 때문이다.

2. 튀김용기

토기로 된 기물을 사용하며 두꺼운 것이 좋다.

3. 튀김용 젓가락

굵은 젓가락으로 튀김옷을 만들 때 지그재그로 젓는 데 사용한다.

4. 체

밀가루를 거를 때 사용한다.

5. 금속 젓가락

흔히 모리바시라고 하는 쇠젓가락을 사용한다. 이는 젓가락이 타는 것을 방지하기 위함이다.

6. 튀김 그물

덴카스 이레라고 하는 튀김 부스러기를 담는 용기를 말한다.

7. 튀김 넣는 용기

튀긴 튀김을 옮겨 담는 기물.

제 2 절   기름

1. 식물성 기름

면실류, 참기름, 땅콩기름, 옥수수기름, 유채기름, 대두유 등으로 분류된다. 대체적으로 대두유를 많이 사용하며 참기름만으로도 튀김이 가능하다. 가장 이상적인 기름 사용은 대두유에 약간의 참기름을 섞어 튀기면 풍미나 영양면에서 최고라 하겠다. 주로 야채류, 생선류, 근대류 등을 깊이 튀기고 고기류도 튀겨낸다.

2. 동물성 기름

라드(lard), 렛(let)으로 구분한다. 즉, 라드는 돼지기름이고 렛은 쇠기름을 일컫는데 이는 육류를 튀기는 데 사용한다.

3. 선 택

기름은 색이 진하지 않고 특별한 냄새가 없어야 하며 잘 정제된 기름이 상품이다.

또한 튀기고자 하는 주재료를 상온의 기름에 넣었을 때 미세한 거품이 일어났다가 곧 자취를 감추는 기름을 선택해야 한다.

4. 기름의 양

기름은 빨리 뜨거워지고 식기 쉬운 성질을 갖고 있기 때문에 두꺼운 철냄비를 사용하고 기름과 재료의 비율을 생각하여야 한다. 대체로 냄비의 8할 정도의 양이면 색상과 맛을 연출하는 데 이상적이다.

5. 기름의 온도

재료의 종류나 목적, 분량에 따라 온도가 달라지지만 대체로 160~180℃에서 튀김을 한다. 기름의 온도를 알아보는 방법은 기름가마에 온도계가 부착되어 있어 육안으로 정확한 온도를 체크할 수 있는 방법이 있으나, 그렇지 않고 튀김옷을 가열해진 기름에 넣어 짐작하는 정도의 온도를 체크하는 방법도 있다.

- 튀김옷을 기름가마에 떨어뜨렸을 때 바닥에 가라앉아 좀처럼 떠오르지 않을 때 : 150℃
- 튀김옷이 바닥에 가라 앉자마자 곧 표면으로 떠오를 때 : 160℃
- 튀김옷이 중간 이상 정도까지 가라앉았다 떠오를 때 : 170 ~175℃
- 튀김옷이 표면에서 곧 퍼질 때 : 190℃
- 튀김옷이 표면에서 색깔이 바로 변화될 때 : 200℃
- 밀가루는 끈기의 원인이 되는 글루텐의 함유량이 적은 박력분을 사용한다. 주재료에 기름의 풍미를 가미시켜 바삭바삭한 맛을 연출해야 하기 때문에 끈기가 있어서는 절대 금물이다.

- 밀가루 속에 드라이아이스 등을 넣어 온도를 유지한다.
- 물은 항상 차게 하여 사용한다. 얼음이나 냉장고에 보관하는 방법이 있으며 계란노른자를 섞어 사용한다. 이는 색상과 맛을 좋게 하기 위함이다.
- 차가운 계란물에 박력분을 넣고 굵은 젓가락으로 지그재그로 저은 다음 너무 묽거나 되지 않게 조절하여 사용한다. 끈기가 생기지 않도록 주의한다. (냉수 250cc, 박력분 120 g, 계란노른자 1EA)

제 4 절　튀기는 방법

- 튀기고자 하는 재료에 붓을 이용하여 밀가루를 바른 다음 튀김옷(고로몽)을 묻힌다.
- 데워진 기름에 튀기고자 하는 재료를 안쪽에서 바깥쪽으로 가볍게 던지듯이 넣는다. 새우나 보리멸과 같이 꼬리가 있는 재료는 꼬리를 잡고 튀기지만, 꼬리가 없는 것은 젓가락을 이용한다.
- 재료가 기름에 들어가면 덴카스라고 하는 찌꺼기가 발생하는데, 이를 빠른 동작으로 제거해야 한다. 덴카스는 쉽게 타버리므로, 기름의 수명을 단축시키는 원인이 된다.
- 기름에 넣은 재료는 젓가락을 이용하여 모양을 바로 잡아주고 완성되면 건져낸다.
- 완성된 튀김은 가급적 빠른 시간내에 취식해야 본래의 튀김맛을 느낄 수 있다.

제 5 절　양념

1) 재　료

가쓰오다시 400cc, 미림 100cc, 진간장 100cc, 가쓰오부시 5g

2) 제조방법

이번다시를 만든 다음 소스팬에 가쓰오다시, 미림, 진간장을 넣고 열을 가한 다음 끓어 오르면 가쓰오부시를 넣고 10분 후 소청에 걸러 사용한다. 취식시에는 강판에 간 무와 생강즙을 첨가한다.

제 6 절　튀김의 종류

1. 스아게(素揚げ)

산천어, 미꾸라지, 빙어와 같이 살아 있는 생선 그 자체를 물기만 제거하고 그대로 튀긴다든지 연근, 청고추, 가지 등을 같은 방법으로 튀겨내는 방식을 말한다. 재료의 색상이나 형태가 그대로 유지되며, 소스는 폰즈가 잘 어울린다.

2. 가라아게(空揚げ)

① 주재료와 밀가루, 전분, 칡가루, 찹쌀가루 중 한 가지, 그리고 계란노른자, 실파, 참기름, 후추가루, 참깨, 간장, 소금 등의 양념을 하여 버무린 다음 튀겨내는 방식이다. 가자미나 놀래미, 전복, 쇠고기, 복 등을 튀길 때 많이 사용하며 재료를 두 번 튀겨낸다.
② 주재료와 위에서 열거한 전분, 밀가루, 찹쌀가루, 칡가루 등을 가볍게 묻혀서 튀겨내기도 한다.

③ 소스는 레몬을 첨가한 덴즈유가 어울린다.

3. 고로모아게(衣揚げ)

① 일반적으로 많이 사용하는 튀김옷을 입혀서 튀기는 방식이다.
② 쑥갓이나 김, 깻잎 등의 야채는 160~165℃가 적당한 온도이다.
③ 근대류나 감자 등은 170℃가 적당한 온도이다.
④ 새우, 생선류 등은 175~180℃가 적당한 온도이다.
⑤ 온도 조절에 유의해야 한다.

한달 두부	140g
실파	10g
가끼	1g
구운 김	1g
깻잎	1장
모미지 오로시	10g
전분	40g

두부 튀김

1. 연두부를 가로, 세로 3cm 길이로 자른다.

2. 전분을 묻혀 170℃에서 튀긴다.

3. 약간 바삭한 맛을 내기 위해 한 번 더 튀긴다.

4. 홈이 파인 그릇에 담고 실파, 아카오로시(무우에 고운 고춧가루를 섞은 것), 이도가키(가늘게 만든 가쓰오 부시), 하리 노리(김을 바늘처럼 썬 것)을 고명으로 놓아준다.

5. 소스는 다시 4, 미림 1, 진간장 1로 만들어 전체가 적시지 않게 부어낸다.

재 료	
바닷가재	120g
당면	10g
레몬	4개
계란노른자	1개
무우	15g
생강	3g

바닷가재 튀김

1. 바닷가재 몸살을 한입 크기로 썬다.
2. 바닷가재에 계란노른자, 연간장, 참깨, 참기름, 마늘, 후추, 실파, 소금 등을 넣고 양념한다.
3. 전분을 넣어 한번 더 버무린 다음 170℃ 온도에서 튀겨낸다.
4. 당면을 튀겨 접시에 담고 그 위에 튀긴 바닷가재와 레몬을 첨가하여 낸다.
5 소스는 덴쓰유(미림 1, 진간장 1, 가쓰오 다시)를 낸다.

만드는 법

야채 튀김

1. 고구마는 껍질을 벗긴 다음 녹말을 씻어내고 사용한다.

2. 아스파라거스는 1차로 물에 데친 다음(시모후리) 사용한다.

3. 단호박은 씨를 제거하고 먹기 좋게 슬라이스하고, 가지는 부채꼴 모양이 되도록 칼집을 넣어준다.

4. 표고버섯은 머리부분에 칼집을 넣어 보기좋게 다듬고 다른 재료도 손질한다.

5. 준비된 재료는 170℃에서 고로몽(튀김옷)을 묻혀 바삭한 맛이 나게 튀겨낸다.

6. 소스는 덴쓰유를 내고, 무 오로시, 생강 간 것을 함께 낸다.

주의 뜨거울 때 먹어야 제맛이 난다.

재 료	
전복	80g
당면	30g
레몬	$\frac{1}{4}$개
깻임	1장

전복 양념 튀김

1. 전복은 껍질과 살을 분리한다.
2. 소금을 뿌려 깨끗이 씻은 다음 슬라이스한다.
3. 붓으로 전분을 고르게 묻힌 다음 170℃ 온도에서 튀겨낸다.
4. 당면을 튀겨 그 위에 튀긴 전복을 놓고 레몬을 첨가한다.
5. 소스는 삼배초에 유자껍질을 넣어낸다.

7

재 료	
새우	7마리
깻잎	1장
무우	15g
생강	3g

새우 튀김

1. 머리를 제거하고 껍질을 깐 다음 마지막 한 매듭의 껍질을 남겨둔다.
2. 등쪽의 내장을 꼬챙이를 이용하여 제거한 다음 꼬리 지느러미 부분을 비스듬히 자른다.
3. 도마에 행주를 깔고 배 안쪽 부위를 4~5군데 일정한 간격을 두고 칼집을 내어 준다.
4. 등쪽의 마디 마디를 꺽어주거나 칼집을 넣은 배쪽을 칼 옆면으로 가볍게 두드려 펴서 사용하기도 한다.
5. 준비된 새우에 초벌 밀가루를 바른 후, 튀김옷을 묻혀 175~180℃에서 튀겨낸다.
6. 담을 때는 접시나 죽제품 등에 기름종이를 반드시 깔고 정성껏 담아낸다.
7. 소스(덴츠유)에 무와 생강즙을 첨가하여 낸다.

쇠고기 양념 튀김

1. 쇠고기 등심을 슬라이스하여 다진 다음 준비된 양념을 한다.

2. 165~170℃에서 초벌로 튀긴 다음 175℃ 에서 한 번 더 튀긴다.

3. 당면은 185℃에서 튀긴다.

4. 접시나 죽제품에 창호지를 깔고 당면을 놓은 다음 튀긴 쇠고기와 파슬리 레몬 등으로 장식한 후 낸다.

재 료	
새우	5마리
양파	25g
우엉	20g
고구마	25g
죽순	10g
당근	5g
계란노른자	2개
쑥갓	15g
두릅	10g
무	30g

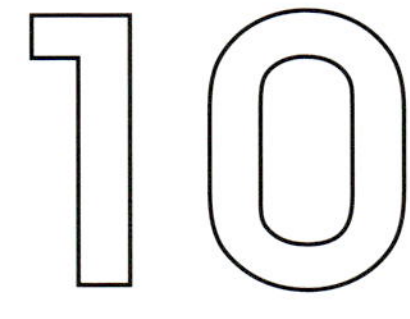

만드는 법

가키아게 뎀푸라

1. 새우는 껍질을 벗겨 내장을 제거하고 곱게 다진다.

2. 양파, 고구마, 죽순, 당근은 껍질을 벗긴 다음 채 썬다.

3. 우엉은 사사가키(대나무 잎처럼 깎는 작업)하여 찬물에 씻는다.

4. 새우와 쑥갓 등 준비된 야채를 계란 노른자, 밀가루와 함께 버무려 170℃ 에서 튀겨낸다.

5. 아카오로시와 함께 낸다.

10

도미살 튀김

1. 도미살은 엷게 포뜬다.

2. 포뜬 도미 위에 엷게 소금과 후추로 간을 한다.

3. 튀김옷을 입혀 튀겨낸다.

4. 고명으로 깻잎과 레몬으로 장식하여 낸다.

11

장어	180g
밀가루	약간
깻잎	1장

장어 튀김

만드는 법

1. 장어를 손질하여 야키바에 굽는다.

2. 찜통에 약 15분정도 강불로 쪄 기름기를 제거한다.

3. 식힌 다음 장어 소스를 발라 구워 보관한다.

4. 구운 장어를 한 입크기로 잘라 고모몽을 묻혀 튀겨낸다.

5. 고명으로 깻잎을 낸다.

12

모듬 튀김

1. 새우를 손질한다.

2. 표고버섯은 머리부분에 칼집을 낸다.

3. 생선, 호박, 가지, 두릅, 인삼도 손질한다.

4. 준비된 재료는 초벌 묻힘을 하여 튀겨낸다.

5. 접시에 담을 때는 튀김종이(창호지)를 깔고 보기 좋게 담아낸다.

6. 오로시와 생강도 곁들인다.

13

닭가슴살
소 금
후 추
전 분

만드는 법

닭고기 튀김

1. 닭고기는 뼈를 제거하고, 가슴살을 넓게 편다.

2. 펴진 닭고기에 소금, 후추 등, 향신료를 뿌린다.

3. 전분을 묻힌 다음 적정 온도에서 튀겨 그림과 같이 담아낸다.

14

10

구이요리

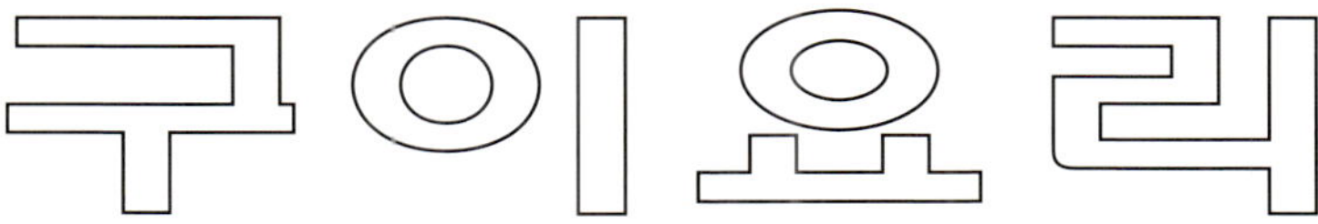

1. 직접 구이(直接燒き)

- 된장 구이(味噌漬け燒き) — 된장에 24시간 절였다가 구워낸다.
- 간장 구이(照り燒き) — 주재료에 간장을 발라가며 굽는다.
- 소금 구이(塩燒き) — 소금을 뿌려 간을 한 다음 굽는다.
- 유안야키(幽庵燒き) — 간장과 대파, 양파, 설탕, 레몬, 정종 등을 넣어 소스를 만든 다음 주재료를 24시간 정도 담궜다가 굽는 방법.

2. 간접구이(間接燒き)

- 쿠킹호일이나 알루미늄 형틀 등을 이용하여 주재료를 싸거나 틀 안에 넣어 굽는방법
- 전기오븐 등을 사용하여 굽는 방법.

1) 화력조절(火かげん)

양념이 배인 양념구이나 된장구이, 통구이 등도 불과 가까우면 타기 쉬우므로 약간 이격시켜서 굽고 조개나 새우는 강한 불에서 빠른 시간에 구워낸다. 민물생선은 은어 이외에는 시간적인 여유를 갖고 천천히 뼈까지 익혀 구워낸다.

2) 굽는 방법

접시에 담았을 때 표출되는 부분을 6할정도 굽고 반대쪽을 4할 정도 굽는다. 또한 바다생선은 살 쪽부터 굽고, 민물고기는 껍질 쪽부터 굽는다.

쇠꼬챙이를 사용하여 구울 때는 작품이 완성시 살이 으깨어지는 것을 방지하기 위해 3~4회 쇠꼬챙이를 돌려가며 굽는다.

3) 담는 방법(盛りつけ)

통마리 구이는 접시에 담았을 때 머리가 좌측으로, 배쪽이 고객의 앞으로 오

게 담는다. 또한, 살 만을 구워낼 때는 껍질 쪽이 위로 향하게 담고 곁들임 요리
는 앞쪽에 놓는다.

4) 곁들임(あしらい)

주요리와 잘 어울릴 수 있는지를 고려한다. 초절임 연근, 영귤, 밤, 유자, 레몬,
생강뿌리, 단호박 등의 간로니를 다양하게 사용한다.

제 2 절   꼬챙이 꿰는 법(串方)

꼬챙이를 이용하여 생선을 구우면 표면이 깨끗하고 아름답게 마무리할 수 있
다. 꼬챙이를 꿰어 구운 다음 장식했을 때 자국이 노출되지 않게 한다. 통구이할
때는 중간뼈의 바로 밑을 지나도록 하고 토막살의 경우는 약간 뒤축으로 꿰어야
한다. 굽는 도중 3~4회 꼬챙이를 돌려준다. 뺄 대에는 살이 으깨지지 않게 뜨거
울 때 뺀다.

1. 삼치 꼬챙이 꿰는 방법

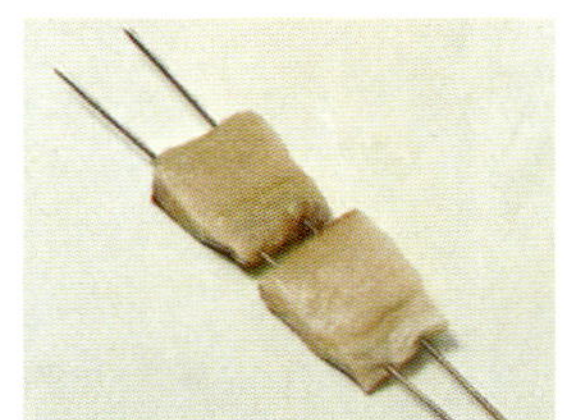

삼치에 가네구시(쇠꼬챙
이)를 끼워 놓은 상태

머리가 오른쪽으로 오게 한 다음 눈 바로 밑에 꼬챙이를 꿴다.

꼬챙이가 밖으로 나오지 않고 가운데 뼈를 중심으로 굴절되게 꿴다.

꼬챙이가 몸통 중앙 부위와 꼬리 부분을 통과하여 바깥쪽으로 나오게 한다.

3. 도미꼬챙이 꿰는 방법

머리를 앞으로 오게 하고 배를 왼쪽에 놓은 다음 눈옆에 쇠꼬챙이를 끼운다.

지느러미에 화장 소금을 발라 타는 것을 방지한다.

쇠꼬챙이가 뒷면으로 나오지 않게 손으로 조정하여 등쪽으로 찌른다.

③ 2개의 쇠고챙이는 뒷면이 넓게 꿴다.

구워서 완성한 다음 삼배초와 함께 먹는다.

1. 소금구이 (塩燒き, 시오야키)

① 재료가 지니고 있는 독특한 맛과 향을 그대로 유지하는 구이 방법으로 소금을 뿌려서 굽는다. 대체적으로 껍질 쪽부터 굽는다.

② 소금의 양은 재료의 2% 정도가 적당하며 도미나 삼치는 양면에 골고루 뿌린다.

③ 20~30분 경과 후 굽는다. 꽁치나 정어리는 껍질이 약하기 때문에 바로 굽는 것이 좋다.

④ 통구이를 할 때는 지느러미에 화장소금을 발라 구우면 타는 것을 방지하며 원형을 살리는 데도 좋고 살아 있는 듯한 느낌을 준다.

⑤ 굽는 방법 : 센불에서 약간 이격시킨 다음 빠른시간 내에 구워낸다. 꼬챙이를 돌려가며 구워야 완성시 살이 으깨지는 것을 방지할 수 있다.

2. 통구이 (姿燒き : 스가다야키)

재료를 통째로 굽는다. 주로 새우, 은어, 도미 등을 구울 때 쓰는 방법이다.

3. 양념구이 (つけ燒き, 쓰케야키)

데리야키 소스를 발라가면서 굽는 방법으로 양념장을 바른 후에는 타기 쉬우므로 불을 약간 조정한다.

4. 산초구이 (山椒燒き, 산쇼야키)

양념간장에 산초잎을 다져 넣어 주 재료에 묻혀 굽는 방법으로, 생선류, 버섯 등에 사용하며, 향을 가미해 주고 비린내나 나쁜 냄새를 제거 해 준다.

5. 유안야키(幽庵燒き)

간장에 양파, 대파, 유자, 레몬, 설탕, 정종 등을 넣은 속에 재료를 담궈 24시간 경과 후 굽는다. 향이 좋으며 은대구, 메로, 방어 등에 어울리는 조리법이다.

6. 가바야키(蒲燒き)

양념구이로서 민물장어 등은 본래 통으로 절단하여 꼬챙이에 꿰어 구웠는데 그런 모습이 부들의 이삭(蒲の穗 : 가바노호)과 닮아서 이런 이름이 붙여졌다고 전해진다. 민물장어, 아나고, 꽁치, 미꾸라지 등이 적합하다.

7. 우니야키(うに燒き)

성게알 구이

8. 산적구이(田樂燒き)

재료에 꼬챙이를 꿰어 된장을 발라 굽는 방법으로 가지, 토란, 산천어, 은어 등이 적합하다.

9. 된장절임(味噌漬け燒き)

백된장에 설탕, 술, 미림을 첨가하여 그 안에 병어, 방어, 옥돔, 삼치 등을 24시간 절였다가 굽는다. 타기 쉽기 때문에 불조절에 유의한다

재 료	
연어	180g
소금	20g
레몬	¼ 개
곁들임 요리	
야마고보	10g
가마보코	10g
타르타르소스	30g

만드는 법

연어구이

1. 연어를 오로시 한 다음 뼈를 제거하고 180g의 양으로 자른다.

2. 앞, 뒷면에 소금을 뿌려 약 30분 경과 후 굽는다.

3. 쇠꼬챙이에 끼워 구울 때 타지 않게 유의하며 전면이 완전히 구워진 후 뒷면을 굽고 꼬챙이를 간간히 돌려주면서 마무리한다.

4. 곁들임 요리와 타르타르소스 레몬을 첨가하여 낸다.

재　료	
도미 머리	350g
소금	25g
레몬	$\frac{1}{4}$개
레몬	$\frac{1}{8}$개
생강뿌리	1개

만드는 법

도미 소금구이

1. 도미를 손질하여 비늘을 제거한다.
2. 도미 머리가 크기 때문에 두개골이나 가마 쪽에 칼집을 넣어 완전히 익도록 한다.
3. 살 쪽을 먼저 익힌 다음 껍질 쪽을 익힌다.
4. 완성되면 레몬과 하지가미(생강 뿌리) 등 곁들임 요리와 함께 낸다.

11

재 료	
은대구	300 g
가쓰오다시	2.6
진간장	2
설탕	10 g
양파	10 g
대파	15 g
레몬	3 g

은대구 간장구이

1. 소스를 만든다(간장 1, 설탕 1, 가쓰오다시 2, 레몬, 양파, 대파).
2. 준비된 소스에 손질된 은대구를 넣고 24시간 재워 둔다.
3. 야키바의 불에서 멀리 한 다음 은은하게 살 쪽부터 익힌 다음 껍질 쪽을
   익힌다.
4. 낼 때에는 곁들임 요리를 첨가하여 배 쪽이 앞으로 오게 한 다음 낸다.

12

재 료	
삼치	300g
소금	25g
아나고우엉 말이	
생강 뿌리	

삼치 소금구이

1. 삼치를 뼈와 살을 분리한다.

2. 살쪽에 칼집을 낸 다음 소금을 뿌려 놓는다.

3. 쇠 꼬챙이에 끼워 전면과 후면을 구워 완성한다.

4. 너무 타지 않게 구워야 하며 낼 때는 껍질쪽이 위로 가게하고 곁들임요리
와 함께 낸다.

재 료	
은어	2마리
레몬	½개
소금	15g

은어 소금구이

1. 은어를 머리 쪽에서 꼬리 쪽으로 굴절 되게 쇠꼬챙이를 꿴다.
2. 지느러미에 화장 소금을 묻힌다.
3. 내장까지 완전히 익도록 꼬챙이를 2~3회 돌려가며 굽는다.
4. 마무리되면 레몬을 첨가하여 낸다.
5. 소스는 삼배초를 곁들인다.

14

재 료

소고기 등심	200g
아스파라거스	20g
당근	15g
표고버섯	10g
생강	5g
소금	10g
후추	2g

만드는 법

15

소고기 데리야키

1. 소고기 등심은 기름기를 제거하고 소금과 후추를 약간 뿌려둔다.

2. 아스파라거스와 당근을 보기 좋게 손질하여 데친다.

3. 표고버섯은 칼집을 내어 살짝 데치고 생강은 슬라이스하여 채 썬다.

4. 소고기 등심을 한 입 크기로 썰어 프라이팬에서 데리야끼 소스를 첨가한 후 굽는다(정종 첨가).

5. 익는 정도에 따라 당근, 아스파라거스 표고버섯을 넣어 마무리한다.

6. 낼 때에는 고명으로 썬 생강을 놓아낸다.

   ※ 데리야키 소스 : 미링 1, 술 2(알코올누키), 진간장 1, 설탕 0.5, 다마리, 칡가루

재　료	
쇠고기 등심	100g
아스파라거스	60g
양상추	60g
토마토	20g

아스파라거스 야키

만드는 법

1. 쇠고기 등심을 슬라이스하여 소금, 후추로 약하게 간을 한다.

2. 아스파라거스는 시모후리(데치는 작업)한다.

3. 쇠고기 등심에 붓으로 밀가루를 바른 다음 아스파라거스를 놓고 만다.

4. 프라이팬에 샐러드 오일을 두르고 익힌다.

5. 어느정도 익으면 프라이팬의 기름을 닦아내고 데리야키 소스로 졸여 마무
   리한다.

6. 양상추 등의 야채와 함께 보기 좋게 낸다.

16

재 료	
닭고기살	200g
청피망	15g
검정깨	3g
어묵	30g

만드는 법

닭고기 버터야키

1. 닭고기를 한 입 크기로 썬다.

2. 청피망과 가마보코는 보기 좋게 자른다.

3. 프라이팬에 식용유를 두르고 닭고기를 익힌다.

4. 어느 정도 익으면 야채와 버터를 넣고 간을 한 다음 완성한다.

5. 접시에 보기 좋게 담아 고명으로 검정깨를 뿌린다.

17

재 료	
옥도미	300g
된장	200g
설탕	50g
정종	35cc
미림	10cc
다시	조금

옥도미 된장구이

1. 양념 된장을 사각팬에 소청을 깔고 된장 한층, 옥도미 한층 형식으로 놓은 다음 소청으로 덮어 24시간 정도 냉장실에 보관한다.
2. 하루쯤 경과한 후 된장을 걷어내고 약한 불에서 천천히 굽는다.
3. 살쪽부터 구워야 하며 타지 않게 하는 것이 중요하다.
4. 낼 때에는 배쪽이 앞쪽으로 오게 하고 아시라이(곁들임 요리)와 함께 낸다.

   ※ 된장 : 백된장 1㎏, 설탕 350g, 정종 180cc, 미림 쓰리바치에 갈아서 완성

재 료	
갈치	350g
소금	35g
무우	15g
레몬	1/8개
우엉	10g

갈치 소금구이

1. 갈치는 손질하여 칼집을 내어준다.

2. 소금을 뿌려 30분쯤 놓아 둔다.

3. 타지 않게 앞면과 뒷면을 정성스럽게 굽느다.

4. 곁들임 요리를 준비하고 레몬과 함께 낸다.

재 료	
장어	180g
산초가루	3g
썬생강	5g
장어데리	20cc

장어구이

만드는 법

1. 장어의 배를 갈라 내장을 제거하고 표면의 점액질을 제거한다.

2. 껍질 쪽부터 구운 다음 얼음물에 넣는다.

3. 찜통에 김발을 깔고 15분 정도 찐다.

4. 식힌 다음 180g의 양으로 잘라 소스를 발라가며 굽는다.

5. 완성되면 산초가루를 뿌리고 썬 생강과 함께 낸다.

▶ 소스 : 정종 1,8리터, 다시 2리터, 진간장 1,8리터, 설탕 1Kg, 물엿 400cc, 다마리 500cc, 다시마 40g, 장어뼈, 대파

20

새우꼬치구이

바닷가재사시미 · 튀김

갈치 데리야키

도미양념구이

송이 소금구이

초 회 와 무 침 요 리

초회와 무침요리

초회의 특징은 입안에 넣었을 때 상쾌하고 산뜻한 산미와 씹히는 맛, 부드럽게 혀에 닿는 감촉과 뒷맛의 개운함이 좋다.

계절감을 중요시하며 식욕촉진제 역할과 식사시의 반찬, 술안주 등 다양하게 조리한다.

어패류, 야채, 수조육류, 가공품 등 사용범위가 대단히 넓으며 삶거나 데치는 방법, 양념초를 적절하게 배합하여 맛을 연출한다. 초무침은 먹기 직전에 무쳐낸다.

1. 소 금

① 음식을 조리하는데 반드시 필요한 식품이며 나트륨이온과 염소의 결합체가 소금이다.
② 음식에 짠맛을 가미하고 방부, 단백질 응고, 탈수 등의 역할을 한다.
③ 오이, 무와 같이 섬유질이 단단하고 수분이 많은 야채를 손질할 때는 소금을 뿌려 재웠다가 사용한다.
④ 식재료에 따라 엷게 소금맛을 들일 때는 바닷물 농도의 소금물에 담갔다가 사용하기도 한다.

2. 식 초

기원전 6세기경부터 식초가 만들어져 사용되었다고 전해 내려오고 있으며, 인간사에 있어서 중요한 식재료임에 틀림없다.

식재료에 가볍게 식초맛을 가미해야 할 경우에는 살짝 씻어주면 되지만, 등푸른 생선과 같이 부드럽고 비린내가 강한 식자재는 식초와 레몬, 건다시마, 양파, 건고추 등을 넣어 1~2시간 경과한 후 사용하면 냄새나 향이 한결 좋고 맛도 상큼해진다.

참조 : 식초는 소금과 어울어짐으로 인해 한층 맛이 더해지고 소금을 가미함으로 인해 강한 산미가 부드러워지며 동시에 상쾌하고 산뜻한 풍미가 살아난다. 식초를 가미하여 요리할 경우 소금을 사용한 사전처리 순서를 숙지함은, 요리하는데 큰 도움이 되리라 확신한다.

3. 혼합초 만들기

1. 2배초(二杯酢, 니바이스)

> 재료 : 재　료 : 식초 3, 연간장 1, 가쓰오다시 3, 소금

❶ 위의 재료를 소스팬에 넣고 열을 가한 다음 불을 끈 후 식혀서 사용한다.

> 용도 : 어패류의 초무침, 게, 굴초회 등

2. 3배초(三杯酢, 삼바이스)

> 재료 : 식초 2, 진간장 0.6, 가쓰오다시 3, 백설탕 0.3

❶ 소스팬에 위의 재료를 넣고 열을 가한 후 끓으면 불을 끄고 식혀서 사용한다.

3. 아마스(甘酢)

> 재료 : 물 4, 식초 1,　설탕 1,

❶ 소스팬에 위의 재료를 넣고 열을 가한 후 설탕이 녹으면 식혀 사용한다.

> 용도 : 하지가미(생강 뿌리) 등의 초절임에 사용한다.

4. 도사스(土佐酢)

> 재료 : 가쓰오다시 6, 식초 4, 연간장 0.5, 미링 0.5, 정종 0.5, 설탕 2, 소금, 가쓰오부시

❶ 가쓰오다시에 위의 재료를 섞어 열을 가한다.
❷ 끓기 직전에 가쓰오부시를 넣고 불을 끈다.
❸ 약 10분쯤 경과 후 소청에 걸러서 사용한다.

5. 남방스(南蛮酢)

> 재료 : 가쓰오다시 6, 술 4, 미링 0.8, 연간장 0.5, 설탕 2.5, 홍고추

❶ 가쓰오다시에 준비된 재료를 넣고 열을 가한다.
❷ 설탕이 녹으면 불을 끈 후 홍고추를 넣어 사용한다.

> 용도 : 미꾸라지, 빙어, 갯장어 등을 튀겨 야채와 함께 재웠다 사용한다.

6. **바이니쿠스**(梅肉酢)

재료 : 가쓰오다시 6, 술 4, 미링 0.8, 연간장 0.5, 설탕 2.5, 홍고추

① 재료를 혼합하여 1~2주간 재워둔다.
사용시에는 알코올누키(알코올을 날려 보낸 술)한 술을 약간 첨가한 후 사용한다.

용도 : 어패류나 두릅무침 등에 사용한다.

7. **기미스**(黃身酢)

재료 : 계란 노른자 3, 식초 15cc, 물 45cc, 미림 15cc, 연간장 5cc

① 소스팬에 준비된 재료를 섞은 다음 물중탕하여 걸죽하게 되면 체에 내려 완성한다.

용도 : 어패류, 새우, 게무침에 사용한다.

8. **초연근**

재료 : 연근, 삼배초

① 껍질을 벗겨 색상의 변화를 방지하기 위해 촛물에 살짝 담근다.
② 연근을 용도에 맞게 절단하여 끓는 물에 데친다.
③ 바구니에 걸러 삼배초에 담가 맛을 들인 다음 사용한다.
④ 이때(적색, 노란색 등) 식용색소를 가미하여 사용한다.

9. **피조개 초회**(赤見酢物)

재료 : 피조개, 오이, 해초, 레몬

① 피조개는 내장을 제거하고 깨끗이 씻어 놓는다.
② 오이는 양면에 칼집을 넣어 소금물에 담가둔다(자바라쓰케).
③ 해초는 씻어 물기를 제거한다.
④ 피조개는 양면에 가늘게 칼집을 내어 썰고 오이는 꼭 짠 다음 1.5cm크기로 자른다.
⑤ 그릇에 피조개, 오이, 해초를 담고 도사스를 첨가하여 낸다.

10. 문어 기미스 무침(たこの黃身酢和之)

재료 : 오이, 문어, 기미스

❶ 문어는 소금을 뿌려 점액질을 완전히 제거한 다음 삶는다.
❷ 식힌 다음 표피를 제거하고 먹기에 편리하게 사자나미 쓰쿠리를 한다.
❸ 오이는 와기리하여 후리시오(소금을 뿌리는 작업)한 다음 찬물에 씻어 꼭 짠다.
❹ 문어와 오이를 기미스에 무쳐 용기에 담아낸다.

11. 장어 오이무침

재료 : 장어, 도사스, 오이, 생강

❶ 장어를 구워서 성냥개비 모양으로 썬다.
❷ 오이를 와기리하여 소금물에 넣은 다음 꼭 짠다.
❸ 용기에 구운 장어와 오이를 도사스로 무쳐놓고 고명으로 채 썬 생강을 놓아준다.

12. 해파리 무침(くらけ和之)

재료 : 해파리, 목이버섯, 두부, 시금치

❶ 두부를 삶아 물기를 제거하고 우라고시한다.
❷ 목이버섯과 해파리는 데쳐서 미림 1, 술 0.5, 연간장 0.5, 가쓰오다시 2에 담가 놓는다.
❸ 시금치는 데쳐서 2cm 정도로 썬다. 쓰리바치에 아다리고마 0.5캔, 설탕 숲스푼 6개, 소금 1스푼, 미림, 식초, 가쓰오다시를 넣어 갈아서 위의 재료를 섞어 무쳐낸다.

13. 전어 아마스 아에(こはだ麻酢和之)

재료 : 전어, 오이, 당근

❶ 전어는 오로시하여 소금을 뿌려 1시간 정도 재워둔다.
❷ 전어를 씻어서 물 3, 식초 1, 설탕 0.5, 다시마 15cm의 물에 20분 정도 담갔다가 이도기리한다.
❸ 당근, 오이는 채 썰고, 쓰리바치에 흰깨를 갈아 식초, 소금, 미림, 술, 우스구찌 등을 넣고 간을 한 다음 전어와 무쳐낸다.

14. 갑오징어 낫토 무침

재료 : 갑오징어, 낫도(콩을 발효시켜 놓은 것)

❶ 갑오징어를 하리기리하여 정종과 미림을 첨가하여 재워둔다.
❷ 낫토와 겨자와 간장, 실파를 약간 넣고 다진다.
❸ 갑오징어와 낫토를 함께 무쳐낸다.

15. 해파리 성게 무침

재료 : 해파리, 시오우니(소금이 가미된 것), 계란노른자

❶ 해파리는 염분을 제거한 다음 살짝 데쳐서 준비한다.
❷ 시오우니는 짠맛이 강하므로 계란노른자를 넣어 농도를 조금 약하게 섞는
  다.
❸ 해파리와 시오우니를 함께 무친 다음 유자내용물을 제거한 껍질 속에 넣
  어 낸다.

재 료	
갑오징어	80g
명란젓	30g
시소	1장
검정깨	3g
미링	5cc

갑오징어 명란젓 무침

1. 갑오징어를 하리기리한 다음 정종과 미림을 약간 첨가하여 재워둔다.
2. 명란젓은 알을 칼등으로 민다음 꺼내 갑오징어와 함께 무친다.
3. 고명으로 무순이나 검정깨를 놓아낸다.

만드는 법

4

전복	100g
오이	30g
레몬	5g
깻잎	2장
해파리	20g
미역	10g
무순	10g

만드는 법

전복초회

1. 전복은 삶아서 파도무늬 모양으로 썬다.

2. 오이는 자바라쓰케를 한다.

3. 해파리는 삶아서 도사스에 담가 둔다.

4. 접시에 그림과 같이 곱게 담아 도사스를 첨가하여 낸다.

5

재 료	
전복	15g
해삼	20g
문어	25g
갑오징어	15g
연어	15g
오이	30g
해소	15g
레몬	10g
미역	15g
실판	10g
아카오로시	15g
피조개	20g

모듬초회

1. 문어는 삶아서 파도무늬 모양으로 썰고 전복, 해삼, 갑오징어도 데쳐서 사용한다.
2. 오이는 자바라쓰게 하고, 미역은 데친다.
3. 접시에 준비된 재료를 놓고 도사스와 아카오로시, 실파를 첨가하여 낸다.

문어	100g
삼배초	50cc
오이	30g
해파리	30g
스미소	15g

문어초회

만드는 법

7

1. 문어는 소금으로 문질러 점액질을 제거한다.

2. 소금을 첨가한 물이나 호지차를 넣은 물에 삶아낸다.

3. 오이는 자바라쓰케하여 소금물에 담근다.

4. 해파리는 데친 다음 깨끗이 씻어 혼합초에 담가둔다.

5. 문어는 파도무늬 모양처럼 썰어서 접시에 담는다.

6. 기타 해파리, 오이 등도 함께 담아 스미소(식초를 첨가한 된장)와 삼배초를 뿌려낸다.

재 료	
해삼	100g
오이	30g
해초	15g
미역	15g
레몬	10g
실파	10g
아카오로시	15g

해삼초회

1. 미역은 데쳐서 사용한다.
2. 오이는 양면에 비스듬이 칼집을 내어 소금물에 담가둔다.
3. 해삼은 내장을 제거하고 쌀짝 데치거나 꼬챙이에 꿰어 구워 사용한다.
4. 접시에 미역, 오이, 해초, 해삼을 곱게 썰어 놓고 도사스를 뿌려낸다.
5. 실파와 아카오로시를 첨가한다.

갑오징어초회

1. 오이는 자바라 쓰케를 한다.

2. 해파리는 삶아 도사스에 담가둔다.

3. 갑오징어는 표면에 칼집을 내어 살짝 데친다.

4. 그림과 같이 모양있게 담아 도사스를 첨가하여 낸다.

냄비요리

냄비요리

주로 겨울철을 연상하게 하는 냄비요리는 보온성이 있고 두꺼우며 입구가 넓은 것이 좋다. 재료의 내용물에 따라 술안주나 반찬용으로도 가능하며 우리의 식문화에서 더없이 친근감이 있는 요리라 하겠다. 냄비는 여러 가지 재질이 있으나 토기냄비, 철냄비, 돌냄비가 많이 사용된다.

1. 냄비의 종류

1)토기 냄비(土鍋)

열기가 오래가기 때문에 재료의 맛을 한동안 그대로 유지하며 천천히 끓여서 완성시키는 것이 중요하다.
기물의 관리에 유념해야 해야 하며 새로운 냄비를 사용할 때는 질그릇 냄새가 나므로 차(茶)를 넣어서 끓여주면 냄새가 없어진다.

2) 철 냄비(鐵鍋)

밑면 두께가 얇은 것은 타기 쉬우므로 두꺼운 것이 좋다. 스키야키나 철판구이 등의 요리에 사용된다.

3) 스테인리스 냄비(ステンレス鍋)

구입이 쉽고 녹이 슬지 않는 장점이 있으나 타는 단점이 있다. 국물요리 등에 잘 어울린다.

4) 알루미늄 냄비(あルミツム鍋)

열 전도율이 높아 사용하기 편리하나 빨리 식는 단점이 있다. 가능한 한 두꺼운 것을 선택해야 한다.

2. 재료 사용법

1) 재료선택

① 신선한 재료를 사용한다.

② 어패류, 육류, 야채류 등을 적절하게 배합한다.

③ 냄새가 나쁘거나 끓이면 부서지는 재료는 지양한다.

2) 끓이기

① 감자, 무, 당근, 토란 등은 사전에 삶아둔다. 곤약은 시모후리(데침)해 놓는다(배추, 시금치).

② 생선류는 국물맛이 우러나오므로 가능한 빨리 끓인다.

③ 패류와 육류는 장시간 끓이면 질겨진다.

④ 쑥갓이나 미쓰바, 팽이 버섯 등은 살짝 익혀 고명으로 사용한다.

⑤ 튀긴 재료는 찬물에 씻어 기름기를 제거한 후 사용한다.

스키야키

1. 철냄비에 약불로 열을 가한 후 쇠기름으로 닦아준다.

2. 야채는 슬라이스하고 우엉은 사사가키(대나무 잎처럼 깎는 것) 한다.

3. 스끼야키 소스를 일정량 붓고 준비된 야채를 뭉근히 볶아 익힌다.

4. 소고기 등심을 0.2~0.3mm 두께로 썰어 서서히 익힌다.

5. 쑥갓 등 팽이버섯은 고명으로 익힌 다음 낸다.

6. 계란을 풀어 야채와 고기를 찍어 먹는다.

▶소 스 : 미림 700cc, 설탕 15g, 진간장 350cc, 정종 180cc

샤브샤브

1. 아다리고마를 쓰리바치에 갈아서 완성하나 사이다를 약간 첨가해도 무방함.

2. 곤부(다시마) 다시를 만든다.

3. 소금간을 하고 끓으면 야채와 고기를 젓가락 등으로 살짝 데쳐 고마다래 소스에 찍어 먹는다(야채는 폰즈와 함께 먹기도 한다).

4. 야채와 고기를 데쳐낸 국물에 우동을 넣어 한소끔 끓인 다음 취식한다.

▶ 고마다래 소스 : 흰깨 50 g, 정종 90 cc, 아다리고마 60 g, 연간장 35 cc, 식초 10 cc, 소금, 레몬즙, 양파 간 것 약간

4

재료	
대구	350 g
대파	20 g
배추	40 g
판두부	20 g
느타리버섯	15 g
쑥갓	20 g
팽이버섯	15 g
중합	2마리
당근	10g
무	10g

대구지리

1. 다시마 다시를 만든다.
2. 대구를 손질하여 놓는다.
3. 냄비에 다시마 다시와 야채, 대구를 넣고 소금(재렴)을 첨가한 후 중불로 가열한다.
4. 내용물이 끓어오르면 거품을 제거하고 조미료로 간을 한 다음 고명으로 쑥갓, 팽이버섯, 무, 당근 등으로 장식한다.

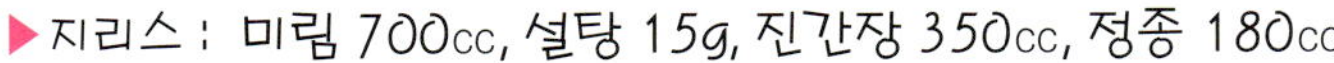

▶ 지리스 : 미림 700cc, 설탕 15g, 진간장 350cc, 정종 180cc

재 료	
우동	250 g
새우	2마리
생표고버섯	2개
연어	30 g
쑥갓	50 g
중합	2마리
두부	40 g
죽순	25 g
닭고기·배추	50 g 씩
팽이버섯	20 g
옥도미	30 g
느타리·시금치	20 g 씩
다시	500cc
술	50cc
미링	80cc
진간장	90cc
소금	약간

요세나베

만드는 법

1. 우동은 끓는 물에 삶아 얼음물에 담군다.

2. 중합은 금속성의 소리가 나는 것을 선택하고 기타 야채는 기초 손질하여 놓는다.

3. 닭고기는 먹기 좋게 썰고 연어와 옥도미는 살짝 구워 사용한다.

4. 배추와 시금치는 데친 다음 물기를 꼭 짜서 김발로 말아 적당한 크기로 썬다.

5. 냄비에 야채, 닭고기, 생선류 등 재료를 넣고 준비된 다시를 부은 다음 뭉근히 끓여서 완성한다.

▶ 소 스 : 다시 11, 정종 0.5, 미링 0.8, 소금 약간 넣고 끓여 완성한다.

▶ 주 의 : 냄새가 강하거나 지방이 많은 것 또는 비린내가 심한 어패류는 피하는 것이 좋다.

柳川鍋

야나가와 나베

만드는 법

7

1. 우엉은 사사가키(대나무처럼 깍는 것) 하여 물에 담가둔다.

2. 미꾸라지는 크기가 작은 것을 골라 소금을 뿌린 다음 점액질을 제거하고 사용한다.

3. 준비된 다시를 냄비에 붓고 우엉과 미꾸라지를 넣은 다음 열을 가한다.

4. 내용물이 익으면 계란을 풀어 끼얹고 산초가루와 미츠바를 고명으로 하여 낸다.

▶ 소 스 : 가쓰오다시 120cc, 미림 40cc, 정종 20cc, 설탕g, 연간장 10cc, 소금 g

재 료	
도미	300 g
두부	40 g
배추	50 g
쑥갓	25 g
대파	30 g
표고버섯	20 g
느타리버섯	20 g
팽이버섯	20 g
무	10 g
당근	10 g
중합	2개

도미지리

만드는 법

1. 곤부(다시마) 다시를 끓여 놓는다.

2. 도미는 비늘을 제거하고 기초 손질을 하여둔다.

3. 배추는 끓는 물에 밑부분부터 데친다.

4. 대파는 3~4cm로 어슷하게 자르고 두부는 각으로 썬다.

5. 준비된 다시에 야채와 소금, 그리고 손질된 도미를 넣고 끓인 후 정종을 몇 방울 첨가한다(소금간).

6. 완성되면 고명으로 쑥갓과 팽이버섯, 무, 당근꽃으로 장식하여 낸다.

7. 소스는 폰즈와 함께 취식한다.

재 료	
참복	350 g
배추	40 g
느타리	15 g
미나리	30 g
팽이버섯	15 g
두부	30 g
복떡	20 g
당면	20 g
다데기	25 g
가쓰오다시	250 cc

복매운탕

1. 복은 기초 손질하여 흐르는 물에 3~4시간 담가둔다.

2. 배추는 데쳐서 김발에 만다.

3. 복떡은 구워서 사용한다.

4. 토기냄비에 준비된 야채와 주재료인 복, 그리고 다데기를 함께 넣고 끓인다.

5. 고명으로 팽이버섯과 미나리를 놓아낸다.

▶ 다데기 ; 고추장 5㎏, 고추가루 4㎏, 술 400cc, 마늘 1㎏, 소금 3㎏, 우추 50g, 미원 100g, 생강, 가쓰오다시

재 료	
연두부	200 g
배추	15 g
시금치	5 g
대파	10 g
느타리	5 g
표고	1개
팽이	3 g
당근	5 g
이도가지	0.5 g
진간장	10cc
실파	5 g
김	1 g
가쯔오다시	120cc
생강	5 g
미림	5cc

두부냄비

만드는 법

1. 가쯔오다시에 간을 한다.

2. 야채류는 한번 삶아 준다.

3. 두부는 가로 3㎝ 세로 2.5㎝로 자른다.

4. 냄비에 준비된 재료를 담고 열을 가해 완성한다.

5. 야쿠미는 실파와 생강, 이도가키, 김으로 준비한다.

▶ 소 스 : 가쯔오다시 20cc, 미림 5cc, 진간장 10cc, 소금 약간

10

밥	120 g
성게알	20 g
연어알	20 g
날치알	20 g
고노와다	30 g
참깨	3 g
참기름	3 cc
실파	5 g
김	3 g

만드는 법

돌솥알밥

1. 돌냄비에 참기름을 두른 다음 밥을 담는다.

2. 성게알, 날치알, 연어알, 고노와다를 얹고 열을 가한다.

3. 고명으로 김, 실파, 참깨를 뿌려낸다.

11

13

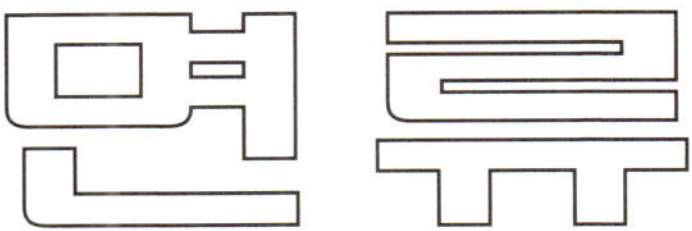

재 료	
우동	130 g
닭고기	30 g
계란말이	25 g
갑오징어 발	20 g
표고버섯	15 g
실파	10 g
쑥갓	15 g
팽이버섯	10 g
중합	2개

만드는 법

냄비 우동

1. 돌냄비에 우동다시와 우동, 기타 부재료를 넣고 끓인다.

2. 끓으면 거품을 제거하고 고명으로 쑥갓과 팽이를 넣은 다음 완성한다.

▶ 우동다시 : 가쓰오다시 15, 연간장 1, 미림 1, 정종 1과 섞어 끓인 다음 완성한다.

주의 표고버섯은 끓여서 완성한 후 사용한다.

1

재 료	
우 동	130 g
닭가슴살	70 g
계 란	1개
표고버섯	15g
오 이	10g
토 마 토	10g

닭가슴살 우동

1. 우동은 삶아 준비한다.

2. 닭가슴살은 삶아서 찢는다.

3. 계란은 지단을 부쳐 슬라이스 한다.

4. 오이는 돌려깎기 하여 채 썬다.

5. 표고는 데친 다음 간을 하여 썬다.

6. 준비된 재료를 그릇에 담아 소스는 차게 낸다.

▶ 소 스 : 가쓰오다시 7, 미림 1.5, 진간장 1을 끓여서 완성한다.

2

재 료	
우동	130 g
송이	60 g
대파	15 g
쑥갓	5 g
어묵	10 g
김	2 g

만드는 법

송이 우동

1. 우동은 삶아 준비한다.

2. 다시와 우동을 함께 넣고 끓인 다음 송이버섯과 야채를 넣어 완성한다.

3. 고명으로 김과 쑥갓을 놓아낸다.

3

재 료	
우동	130 g
쇠고기 등심	60 g
죽순	30 g
표고	15 g
실파	10 g
가마보코	10 g
죽갓	5 g
김	2 g

쇠고기 우동

만드는 법

1. 쇠고기 등심을 슬라이스하여 끓는 물에 살짝 데친다.

2. 우동다시에 우동을 넣고 어느정도 끓으면 시모후리한 쇠고기 등심을 넣는다.

3. 이때 표고버섯과 실파를 함께 넣어 완성하고 고명으로 쑥갓과 김을 놓아 낸
   다.

4

재　료	
된장	60 g
죽순	20 g
우동	130 g
계란	1개
조개	2개

만드는 법

미소 우동

1. 가쓰오다시를 끓여 된장을 푼다.

2. 계란을 한쪽 면만 프라이한다.

3. 냄비에 된장국물과 우동, 중합, 가마보코, 실파, 표고, 죽순 등을 넣고 끓인다.

5

재 료	
차새우	3마리
표고버섯	1개
가지	20 g
시소	1장
단호박	20 g
고구마	30 g
흰살생선	30 g
죽순	20 g
우동	130 g

튀김 우동

만드는 법

1. 우동은 삶아 찬물에 넣었다 건져 놓는다.

2. 새우와 야채는 손질하여 튀긴다.

3. 우동다시와 우동을 함께 끓인 뒤 튀긴 재료를 위어 놓아 낸다.

6

우동	130g
표고버섯	1개
당근	10g
대파	15g
쑥갓	5g
어묵	10g
김	2g

만드는 법

가케 우동

1. 우동은 삶아 준비한다.

2. 다시와 우동을 함께 넣고 끓인 다음 야채를 넣어 완성한다.

3. 고명으로 김과 쑥갓을 놓아낸다.

7

재　료	
가쓰오다시	7g
진간장	1g
미링	1.5g
소바	130g
와사비	10g
무	10g
실파	10g
김	2g

메밀국수

1. 소스팬에 물을 붓고 끓어 오르면 면이 엉기지 않게 흔들어 넣는다.
2. 대나무 젓가락으로 저어주며 삶는다. 완전히 익으면 찬물에 양손으로 비벼
   씻은 다음 얼음물에 넣었다가 건져낸다.
3. 실파를 잘게 썰어 찬물에 씻고 무를 갈아서 준비한다.
4. 소바는 바구니에 놓고 소스와 실파, 무 오로시, 와사비와 함께 담고 김을 구
   워서 올려준다.

▶ 소 스 : 가쓰오다시 7, 진간장 1, 미림 1.5

재　료	
메밀국수	150g
산　마	80g
계란	1개
소바다시	250cc
오이	20g
표고버섯	15g
오렌지	10g

만드는 법

도로로 소바

1. 메밀국수는 삶아서 얼음물에 넣었다 건져낸다.

2. 산마는 껍질을 벗긴 후 쓰리바치에 간다.

3. 소바다시와 산마를 그릇에 담고 삶은 소바를 놓는다.

4. 고명으로 와사비, 실파, 김을 놓아 완성한다.

5. 오이, 표고버섯, 과일 등을 곁들여 낸다.

9

재 료	
소면	130g
실파	10g
생강	5g
김	0.2g
참깨	1g
지단	1개
시소	1장

소면

1. 소면을 삶아 찬물에 씻는다.
2. 생강을 갈아서 준비하고 지단을 부쳐 자른다.
3. 소스는 가즈오다시 7, 진간장 1, 미림 1.5의 비율로 맞춘다.
4. 그림과 같이 담아낸다.

10

14

덮밥류

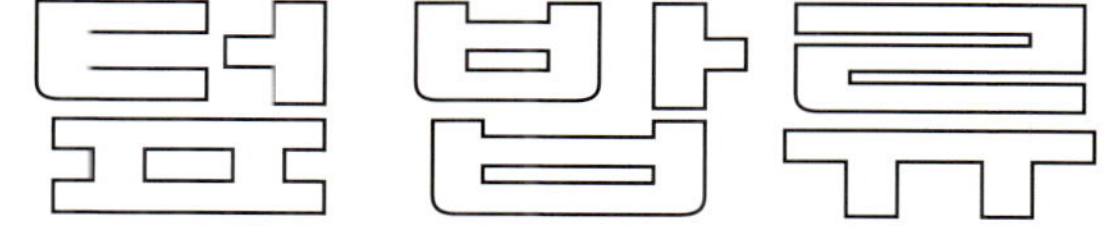

鰻重

만드는 법

장어 덮밥

1. 장어를 손질하여 점액질을 제거하고 깨끗이 씻은 다음 야키바에 구워 얼음물에 담근다(껍질 쪽부터 타지 않게 굽는다).

2. 기름기를 제거하기 위해 구운 장어를 찜통에 넣어 약 15분 정도 찐 다음 식혀 용도에 맞게 잘라 유니랩 등으로 싸서 보관한다.

3. 사용시에는 기름기가 제거된 장어를 껍질 쪽부터 굽는다. 이때 어느정도 구워진 다음 장어 데리를 발라야 주재료가 타지 않는다.

4. 용기에 밥을 담고 장어 다래를 약간 끼얹은 다음 구운 장어를 위에 올려 놓는다.

5. 고명으로 산초가루와 썬 생강을 놓아 완성한 다음 낸다.

▶ 장어데리 : 미림 7, 진간장 8, 설탕 4, 정종 3, 물엿 1, 다마리 3을 졸여서 완성한다.

1

재 료	
쇠고기 등심	100 g
양파	25 g
실파	15 g
표고버섯	20 g
계란노른자	2개
팽이버섯	15 g
쑥갓	10 g
미쓰바	1 g

쇠고기 덮밥

1. 소고기와 야채는 잘게 썬 다음 소스에 소고기를 익힌다.

2. 어느정도 익으면 준비된 야채를 넣고 90%정도 익힌다.

3. 계란을 엉기지 않게 풀어 끼얹은 뒤 고기와 미쓰바나 쑥갓을 첨가한다.

4. 그릇에 밥을 담고 익힌 야채와 고기를 으깨지지 않게 옮겨 담아 완성한다. 이 때 계란이 너무 익으면 고기와 야채가 분리되므로 90%정도만 익혀 응고 되게 만든다

▶ 소스 : 가쓰오다시 7, 진간장 1, 미림1

재 료

도미·광어	20g씩
농어·참치	20g씩
갑오징어	20g
양상치	20g
잎상치·무	10g
해초	5g
오이	10g
마늘·고추	5g
참기름	3cc
참깨	3g
날치알	10g
연어알	10g
연어알	10g
성게알	10g
김	1g

만드는 법

회덮밥

1. 준비된 생선을 잘게 썬다.

2. 야채류를 채 썬다.

3. 그릇에 밥을 준비하고 그 위에 야채와 생선으로 장식한다.

4. 고명으로 참깨, 참기름, 간마늘, 구운김 등을 놓아 완성한다.

5. 낼 때에는 초고추장과 함께 낸다.

주의 초고추장-고추장 400g, 물엿 40g, 설탕 70g, 정종 20cc, 식초 0.2리터, 참깨, 참기름, 후추, 생강, 마늘, 사이다 조금.

3

재 료	
새우	3마리
고구마	20g
단호박	20g
표고버섯	15g
가지	10g
인삼	5g
생선살 튀김	30g
무 간것	15g
(오로시)	

튀김 덮밥

1. 준비된 소스에 무 간 것을 넣는다.
2. 튀긴 재료를 소스에 적신다.
3. 그릇에 밥을 담고 소스를 첨가한 튀김을 밥 위에 올려놓은 다음 김가루를 뿌려 완성한다.

▶ 소 스 : 가쓰오다시 4, 미림 1, 진간장 1

4

재 료	
연어	35g
구운 김	1g
시소	1장
호지차	120cc
아라레	5g

이쿠라차츠케

사케차 쓰케

우니차 쓰케

연어차 덮밥

1. 연어살을 구워서 으깬다.
2. 호지차 국물을 우려내어 소금 간을 한다.
3. 그릇에 밥을 담고 그 위에 연어를 올린 다음 고명으로 아라레와 김을 놓아 낸다.

5

재 료	
쌀	100 g
계란	1개
참기름	2cc
참깨	5g
김	1g
전복	80g

전복죽

만드는 법

1. 쌀을 프라이팬에 볶는다.

2. 소스팬에 볶은 쌀과 가쓰오다시를 넣어 끓인다.

3. 쌀이 부드럽게 풀리면 전복과 참기름, 소금으로 간을 한다.

4. 전복이 익을 즈음 계란을 넣어 완성한다.

5. 고명으로 김가루, 참깨, 실파를 놓아낸다.

6

쌀	100 g
계란	1개
실파	10 g
김	1g
참깨	5g
참기름	5 cc

계란죽

1. 쌀을 프라이팬에 볶는다.

2. 소스팬에 볶은 쌀과 가쓰오다시를 넣어 끓인다.

3. 쌀이 부드럽게 풀리면 참기름과 소금으로 간을 한 다음 계란을 풀어 완성한다.

4. 낼 때에는 실파, 김, 참깨를 첨가한다.

7

15

초밥

초밥

고단백 저칼로리인 생선이 몸에 좋다는 사실을 굳이 설명하지 않아도 될만큼 생선 속에 포함된 불포화 지방산은 혈액 속의 콜레스테롤을 낮추는 작용을 한다. 또 단백질과 칼슘 성분 함유량이 풍부하고 상대적으로 열량은 낮아 피부노화 방지와 다이어트에도 아주 효과적인 음식이다. 생선 속에 함유된 DHA 성분을 많이 섭취하면 머리를 좋게 하고 기억력감퇴도 예방한다. 또한 염증성질환을 없애고 뼈를 튼튼하게 해준다.

제1절 초밥의 유래

초밥은 옛날 일본에서 생선을 저장하는 방법에서부터 출발했다고 전해지고 있다. 어느 문헌에 의하면 동남아시아 쪽에서 전해졌다고 하는가 하면, 어느 문헌에서는 중국에서 2세기경부터 초밥을 먹었으며 그 후 약 500년 후 일본에 전해졌다고도 한다. 일본에서는 깨끗한 날(生)생선을 밥과 함께 소금이 깔린 판 위에 놓고 그 위에 무거운 돌을 올려 놓아 몇 주 후에 보면 밥에 의해 발효된 생선이 먹기에 알맞게 되었다고 한다. 또 다른 문헌은 생선과 밥을 나무통 안에 같이 넣는 방법을 썼다고도 한다. 밥이 발효될 때 유산균이 나오며 이 유산균이 생선을 보존시켰다고 한다. 아직도, 도쿄에 몇몇 초밥 전문점에서는 이러한 방법을 사용하며, 이것을 나래초밥이라 한다. 깨끗한 물의 담수어를 주로 사용하고 있으며 이렇게 완성된 초밥의 생선맛은 매우 강하고 이러한 맛은 발효로 인해 얻어진 것이라 한다.

18세기 이후에 요헤이라는 유명한 요리사에 의해 이러한 발효 방법은 중단되었고, 현재와 비슷한 방법이 쓰여졌다고 한다.

이 요리법은 매우 많은 인기를 끌었고 두 개의 다른 스타일로 발전했다. 하나는 간사이 스타일로서 오사카 지방에서 발전을 하였고, 또 다른 하나는 도쿄에서 발전한 에도 스타일이다.

오사카는 일본 상업의 중심지로서 항상 많은 쌀 상인들이 최상품의 쌀에 다른 곡물을 섞어 공급했으며 초밥의 크기는 먹기에 알맞은 크기로 발전했다. 동경은 해안에 위치해 있어서 매우 풍부한 생선과 조개류가 있으며 니기리스시라는 지금의 초밥 형태를 발전시켰다.

한 입에 먹기 알맞은 크기의 밥 위에 생선을 올려놓는 방법으로 비록 간사이

지방의 초밥형태는 퇴색되어 가고 있지만 여전히 인기가 있으며, 외국인들도 좋아한다.

스시의 역사는 1810년경, 스시만을 전문으로 하는 전문점이 생겨 영업을 시작한 것이 처음이다. 그러나 문헌에 보면 역사를 각기 다르게 기록하고 있으므로 정확한 것을 알 수 없는 실정이다.

처음에는 상자초밥을 만들기 시작했으나 센스가 빠르고 연구심이 뛰어난 에도코라는 사람이 상자에 초밥과 생선을 넣고 눌러서 만드는 것을 한층 계승 발전시킨 것이 생선초밥이다.

처음에는 밥 위에 도미나 광어 그리고 그 외에 여러 가지 조개류를 얹어서 시작했다. 그런 한 가지 방법에만 몰두하지 않고 연구하여 지금은 스시를 만들 수 있는 종류도 다양해졌고 건강식으로 대단히 인기가 있다. 스시가 한국으로 건너온 것은 약 100여년 전이며 현재는 일식집에 가면 어디에서나 맛을 볼 수 있게 되었다.

일본 현지에서는 보통 스시만 전문으로 하는 집이 따로 있으나 한국에 건너와 약간 변형된 형태와 맛으로 변화된 느낌이다.

1. 쌀의 선택

초밥쌀은 찰기가 너무 많은 것은 부적합하며 또한 찰기가 너무 없어도 곤란하다. 밥을 지었을 때 적당한 탄력이 있어야 하겠다. 쌀알이 투명하고 윤기가 있어야 하며 다된 밥에 혼합초를 섞어야 하기 때문에 수분이 많은 햅쌀보다는 6개월에서 1년 정도 묵은 쌀이 좋다.

1) 좋은 쌀의 조건

- 둥글고 알알이 잘 갖춰진 것
- 건조가 잘 된 것
- 무게가 있는 것
- 희고 윤기가 나는 것 등이 상품의 쌀이다.

2. 쌀 씻기

쌀은 밥짓기 1시간 전에 깨끗하게 씻어 대바구니 등을 이용하여 채에 받혀 물기를 제거한다.

문지르면 쌀알이 완성된 밥이 상품의 가치가 저하되므로 가볍게 씻을 수 있는 방법을 연구해야 한다.

3. 밥 짓기

쌀과 같은 분량의 물과 다시마 1장을 냄비에 넣고 데우다가 끓기 직전에 다시마를 건져낸다. 이 물에 쌀을 넣어 가볍게 저어준 다음 뚜껑을 덮고 밥을 짓는다.

또 하나는 쌀과 물의 양을 1:1.5로 하여 밥을 짓는 방법이 있다. 밥은 보통 먹는 밥보다 약간 되게 하며 완성되었을 때의 양은 쌀의 2.2배가 되므로 솥의 크기를 염두에 두는 것이 좋다.

※ 밥짓는 동안에는 뚜껑을 열어서는 안 된다. 그 이유는 밥 솥안의 온도 저하로 밥이 질어질 수 있기 때문이다.

4. 양념초 만들기

- 식초 100cc, 설탕 50g, 소금 25g, 다시마, 레몬
- 식초 100cc, 설탕 20g, 소금 20g, 다시마, 레몬
- 설탕 4.5kg, 소금 1.2kg, 식초 5.4리터, 레몬 3개, 다시마 60g

관서지방에서는 단맛이 강하여 등푸른 생선에 어울리는 초대리를 사용하며 관동지방에서는 간이 연하고 담백한 맛을 추구하는 양념초를 사용한다. 한편 현대

인의 구미에 맞는 초대리는 설탕 450 g, 소금 120 g, 식초 0.5리터, 레몬 1개, 다시마 15g을 배합한 것이다.

5. 밥과 양념초 섞기

한기리라고 하는 나무통을 이용하여 밥과 초양념을 섞는다. 밥이 뜨거울 때 밥알이 으깨지지 않도록 나무주걱을 세워 재료를 자르듯이 섞어야 한다. 이때 밥의 수분을 날려 보내기 위해 부채나 선풍기를 이용하여 바람을 일으켜 준다.

초밥 섞기가 완성되면 36℃가 유지되게 보관한다.

약간 되게 지은 밥을 한 기리라고 하는 나무통에 밥을 퍼 담는다.

준비된 초대리(양념초)를 고루 부어준다.

밥을 그릇에 담는 것과 같은 동작으로 초대리와 밥을 섞는다. 이때 찰기가 생기지 않게 빠른 동작으로 섞어야 한다.

밥에 남아 있는 수분을 증발시키기 위해 선풍기나 부채를 이용하여 바람을 일으켜 준다.

완성된 초밥은 보온 밥통에 넣어 36℃가 유지되도록 보관한다.

1. 와사비

1) 고추냉이

초밥에서는 반드시 필요한 재료의 하나이다. 아무리 선도가 좋은 재료라도 고추냉이가 없으면 독특한 맛 즉, 감칠맛 나는 초밥을 만들 수가 없다. 고추냉이란 어패류의 날 것에 사용하는 것으로서 끓여서 맛을 들인 재료에는 사용하지 않으며 등푸른 생선과 같이 비린내가 특히 강한 생선 등을 제외하고는 대부분 초밥 재료에 사용한다.

코를 찌르는 특유의 매운맛, 향기 및 감칠맛을 가지고 있는 고추냉이는 미각을 일시적으로 마비시켜 생선 비린내를 느끼지 못하도록 하고 초밥의 미각을 증가시킨다.

2) 생와사비(生山葵, 나마 와사비)

일본 특상의 향신료로서 매운맛을 지니고 있다. 특히 중간 부분에는 향과 매운맛이 강하며 이 부분을 향신료로 사용한다. 재배조건이 어렵고 여름에도 항상 수온이 11~14℃ 정도의 일정한 지하수로서 모래밭이 아니면 재배할 수 없다. 항상 물이 깨끗해야 하며 1년에 3cm정도밖에 자라지 않으므로 3~4년이 걸려야 상품의 가치가 있어 가격은 대단히 비싸다. 필요시 강판에 갈아서 사용한다.

3) 분말와사비(粉山葵, 고나 와사비)

생와사비의 하급품과 전분, 색소, 향료, 분말겨자 등을 첨가하여 만든다. 와사비를 갤 때는 용기에 분말와사비를 넣고 미지근한 물을 약간씩 첨가해가면서 대나무 젓가락 여러 개를 모아 한쪽 방향으로 돌리면서 농도를 맞춘다.

2. 생 강(生姜, 쇼가)

얇게 썰어 끓는 물에 살짝 삶아 식초에 담갔다 사용하거나 센기리 또는 갈아

서 사용하기도 한다. 여러 종류의 초밥을 먹을 떠 바로 전에 먹었던 생선의 맛을 입안에서 말끔히 씻어내는 역할을 한다. 스시 카운터에서는 가리(ガリ)라고 한다. 생강의 매운맛 성분은 진게론과 쇼가올이며, 만드는 방법은 다음과 같다.

생강은 껍질을 벗긴 후 슬라이스하여 살짝 데친 후 식초 2, 설탕 1, 물 2, 소금 약간을 섞은 물에 24시간 정도 담궜다 먹으면 된다.

색상을 원할 때는 식용색소를 첨가한다.

3. 간 장(醬油, 쇼유)

강력한 살균력과 심장을 강하게 하는 티록신이 함유되어 있으며 인체의 발육에 필요한 트립토판이 들어있는 것이 특징이다.

간장은 단맛, 쓴맛, 매운맛, 짠맛 등의 맛이 복합적으로 어우러진 조미료이다.

1) 진간장(濃口醬油, 고이구치 쇼유)

주 생산지가 관동(關東)지방이다. 적등색으로 밝은 색이며 높은 향미를 지니고 있기 때문에 일반적으로 많이 사용한다. 염분농도는 18%이다.

2) 엷은 간장(薄口醬油, 우스구치 쇼유)

색을 엷게 하고 간장특유의 향기와 감칠맛을 억제하며 20%의 염도를 유지하는데 색상은 진간장의 1/4정도로서 조림이나 맑은국, 냄비요리 등에 많이 사용한다.

3) 다마리 간장(だまり醬油, 다마리 쇼유)

검은 색을 띤 단맛이 강한 간장으로 특유의 향을 지니고 있으며 나고야 지방을 중심으로 사용되는 간장이다. 색상을 조절하거나 데리야키, 조림요리 등에 사용된다.

4. 미 림(味淋, 미링)

원료는 찹쌀과 멥쌀 및 알코올이며 간장, 설탕, 소금, 식초, 된장 등의 조미료를 돋보이게 하는 작용을 한다.

멥쌀로 쌀누룩을 만들어 찜통에 찐 찹쌀과 함께 알코올을 첨가하여 약 3개월 동안 숙성시킨 즙이 미림이다. 알코올과 당류, 아미노산과 소량의 유기산을 함유하고 있다. 구이, 조림, 전골(스키야키), 면류 요리 등 다양하게 사용된다.

5. 소금과 식초(塩 と酢, 시오토스)

등푸른 생선 즉 전어, 고등어, 전갱이 등은 비린내가 강하므로 초절임을 해야
한다. 식초에 절이기 전에 소금을 뿌림으로 하여 생선 비린내의 주성분인 도리
메틸 알루민이 빠지게 하기 때문이다. 생선에 소금을 뿌리면 표면의 염분 농도
가 체내보다 짙게 되어 생선의 비린내가 빠져 나오게 되며, 그 다음 초절임을
하여 사용한다.

제 5 절   초밥재료

1. 전 어(いはだ, 고하다)

산란기는 3~6월이며 1~2월이 제철이고, 단백질의 함량이 100 g 중 20 g 으로
높고 지방 5 g, 기타 칼슘과 비타민이 들어 있다.

1) 손질 방법

① 비늘을 제거한다.
② 머리를 자른다.
③ 배를 갈라 내장을 제거한다.
④ 지느러미를 제거한다.
⑤ 오로시한다.

2) 초절임(酢じめ, 스지메)

① 소쿠리에 소금을 뿌린다.
② 소쿠리에 펼쳐놓는다.
③ 소금이 배도록 2시간쯤 놓아둔다.
④ 물에 씻은 다음 물과 식초의 비율을 3:1로 하고 다시마와 레몬, 양파를 넣

고 약 40분간 담근다.

⑤ 소쿠리에 건져 깨끗한 소청으로 식초를 제거한다.

⑥ 용도에 따라 포장하여 냉장고에 보관했다가 사용한다.

2. 고등어(鯖, 사바)

산란기는 2~8월이며 제철은 가을이고, 뼈의 정상적인 발육에 필요한 비타민 D가 많이 함유되어 있다.

1) 손질하기

① 머리를 자른다.

② 배를 갈라 내장을 제거한다.

③ 바닷물 농도의 소금물에 씻는다.

④ 3등분으로 오로시한다.

⑤ 가슴뼈를 제거한다.

⑥ 호네누키(살속의 뼈 뽑기) 한다.

2) 초절임(酢じめ)

전어와 같은 방법으로 한다

참조 : 고등어를 먹으면 복통이나 두드러기 등 열이 나는 현상이 발생하는 경우가 있다. 이는 고등어 속에 아미노산의 일종인 히스티딘이라는 성분으로, 시간이 경과함에 따라 히스타민으로 변하면서 알레르기 증상을 일으키기 때문이다.

3 학꽁치(さより, 사요리)

제철은 3~4월이며 담백하고 향기가 좋다.

1) 손질하기

① 비늘을 제거한다.
② 머리를 자른다.
③ 배를 가르고 내장을 제거한다.
④ 삼마이 오로시 한다(3장뜨기).
⑤ 갈비뼈를 제거한다.

2) 초절임(酢じめ)

대체적으로 날생선 그 자체를 많이 사용하나 초절임을 할 때는 소금과 식초를
아주 약하게 하여 사용한다

4. 다랑어(まぐろ, 마구로)

① 흑 다랑어
② 눈 다랑어
③ 황 다랑어 그림
④ 날게 다랑어
⑤ 청세치
부위별로 성분의 차이가 있으나 도로의 지방함유량은 100 g 중 25 g 이고 단백

▲ 도로

▲ 아카미

질은 21 g 이며, 인 220㎎ 등이 함유되어 있다

아카미의 경우는 지방이 1 g 단백질 24 g 나트륨 100㎎ 등이 들어 있다.

1) 다랑어는 4등분으로 분류한다

① 상품 뱃살 : 오도로
② 상품 등살 : 쥬도로
③ 하품 뱃살 : 꼬리 쪽 빨간 살
④ 하품 등살 : 아카미

5. 도 미 (鯛, 다이)

① 참돔은 4~6월이 산란기이며 겨울이 제철이다.
② 붉돔은 9~11월이 산란기로서 봄부터 여름이 제철이다.
③ 흑돔은 여름에서 가을까지가 제철이다.
④ 특히 눈은 비타민 B_1의 공급원이며 100 g 중 18 g 의 단백질이 함유되어 있
   다.

용도 : 소금구이, 맑은국, 조림, 양념구이, 생선회, 술찜 등 다양하게 쓰인다.

1) 손질하기

① 비늘을 제거한다.
② 아가미와 배를 가르고 내장을 제거한다.
③ 대나무 솔로 등뼈 사이의 피(치아이) 등을 깨끗이 씻어낸다.
④ 머리를 자른다.
⑤ 삼마이 오로시(3장 포뜨기)를 한다.
⑥ 갈비뼈를 제거한다.
⑦ 고마이 오로시(5장 포뜨기)를 한다.
⑧ 껍질을 벗긴다
⑨ 머리는 두개골을 중심으로 머리 뒷부분이 조리사의 앞쪽으로 오게 한 다
   음 입안으로 데바칼을 넣어 젖히면 2등분이 된다.

참조 : 마쓰가와를 할 경우에는 뜨거운 물을 표피 쪽어 부은 다음 즉시 얼음물에 담가
   살이 익는 것을 방지한다

마쓰가와(松皮)란 도미껍질이 붙어 있는 채로 뜨거운 물을 끼얹은 후의 상태가 소나무 껍질과 같은 모양을 한다고 해서 붙여진 말이다. 도미는 껍질째 먹을 수 있다.

6. 광 어(平目, 히라메)

광어와 가자미의 구별방법은 정면으로 놓았을 때 머리가 좌측으로 향한 것이 광어이고 우측으로 향한 것이 가자미(도다리)이다.

산란기는 3~7월이고 제철은 겨울이다. 비타민A를 다량 함유하고 있으며 100 g에 22 g의 단백질이 들어 있다.

용도 : 생선회, 초밥, 튀김, 조림요리 등에 많이 사용된다.

1) 손질 방법

① 표면의 점액질을 제거한다
② 비늘을 칼로 걷어낸다
③ 머리쪽의 뒷부분, 그리고 꼬리 지느러미 쪽에 칼집을 내어 피를 뺀다.
④ 머리와 내장을 제거한다.
⑤ 깨끗이 씻은 다음 삼마이 오로시(3장 포뜨기)를 한다.
⑥ 고마이 오로시(5장 포뜨기)를 한다.
⑦ 뱃살 쪽의 뼈(간바라)를 제거한다.
⑧ 껍질을 벗긴다.
⑨ 지느러미 살(엔가와 혹은 엔피라)은 따로 분류하여 활용한다.

7. 농 어(鱸, 스즈키)

여름철의 대표적인 생선이며 산란기는 겨울이고, 25㎝ 전후의 1년된 농어를 세이고라 하며, 60㎝정도를 홋코, 그 이상의 것을 스즈키라 부른다. 농어살을 얇게 포를 뜬 다음 얼음물에 담가 기름기를 뺀 농어회는 담백하면서도 씹는 촉감이 좋아 미식가들에게 대단한 인기가 있다.

또한 약 80℃의 더운물에 순간적으로 데쳐 얼음물에 넣었다가 물기를 제거하고 먹는 방법도 있다. 소스는 스미소나 폰즈를 찍어 먹는다.

용도 : 생선회, 구이, 튀김, 초밥 등에 사용된다.

1) 손질 방법

① 머리 뒷부분과 꼬리 지느러미 쪽에 칼집을 내어 피를 낸다.
② 비늘을 제거한다.
③ 배를 가르고 아가미와 내장을 제거한다.
④ 깨끗이 씻은 다음 머리와 몸통을 분리한다.
⑤ 삼마이 오로시한다.
⑥ 갈비뼈를 제거한다.
⑦ 고마이 오로시한다.
⑧ 껍질을 벗긴다.
⑨ 머리를 2등분하여 사용한다.

1) 초된장(酢味噲, 스미소)

백된장 100g, 미림 100cc, 식초 20cc, 설탕, 겨자 약간을 계란 노른자 1개와 쓰리바치에 갈아서 완성한다.

참조 : 껍질을 벗긴 농어살은 그냥 쓰기도 하지만 우스 쓰쿠리하여 씻은 다음 먹는다.

8. 붕장어(亢子, 아나고)

아나고는 머리, 내장, 뼈와 분리하여 끓는물에 살짝 데친다음 얼음물에 넣어 끈적끈적한 점액질을 제거하고 술 30cc, 진간장 25cc, 미림 25cc, 물 50cc를 한 번 끓인 소스에 아나고를 넣고 뚜껑(오도시 부타)을 덮은 다음 열을 가한다.
간이 밸 때까지 약불로 뭉근히 졸여서 사용하고, 완성되면 식혀서 유니랩 등으로 포장하여 냉장고에 보관했다 사용한다.
초밥을 만들 때는 조미된 아나고를 석쇠에 살짝 굽거나 레인지에 잠깐 데운 다음 소스를 발라낸다.

9. 가리비(中立見, 호다테가이)

산란기는 3~6월이며 겨울이 제철이고, 생선회와 구이 초밥용으로 쓰인다. 너무 익으면 질기므로 조리시에 주의한다.

1) 손질하기

① 껍질과 몸통을 분리한다.
② 내장을 제거한다.
③ 관자와 끈을 분리한다.
④ 물로 깨끗이 씻는다.

10. 피조개(赤見, 아카가이)

해저 50cm의 진흙 속에서 서식하며 10~3월이 제철이고, 생선회나 초밥, 초회 등에 쓰인다.

1) 손질 방법

① 조개의 껍질을 벗긴다.
② 살과 껍질을 분리한다.
③ 끈과 살을 분리한다.
④ 배 내장을 제거한다.
⑤ 히모(끈)의 안쪽 불가식 부분을 제거한다.
⑥ 소금을 이용하여 점액질을 제거하기도 하지만 물로 깨끗이 씻어야 바다의 기를 느낄 수 있다

11. 전 복(鮑, 아와비)

전복은 여름이 제철이며 산란기는 11월이다. 청전복(靑鮑)은 수컷이고 붉은 전복(赤鮑)은 암컷이다.
사시미, 초밥, 찜, 맑은 국물, 초회, 죽 등 다양하게 쓰인다.

1) 손질하기

① 입을 자른다.
② 소금을 전체에 뿌린다.

③ 살과 껍질을 분리한다.
④ 내장과 끈을 분리한다.
⑤ 물로 깨끗이 씻어 사용한다.

12. 성게알(雲丹, 우니)

성게 알젓이 성게이다. 극피동물에 속하고 딱딱한 껍질로 덮혀있으며 날카로운 가시가 전체를 둘러싸고 있다. 사계절 취식이 가능하지만 봄과 겨울에 맛이 좋다.

샤리(초밥)로 한입 크기의 모양을 만들어 김으로 둘러 싼 다음 그 안에 성게알을 넣고 간장을 찍어 먹는다.

참조 : 우니 알마키를 할 때는 와사비를 첨가하지 않아도 된다.

13. 연어알(いくら, 이쿠라)

난소막을 제거하고 소금에 절여 만든 것이 이쿠라이다.

알의 붉은 색은 살멘산이라고 하는 연어 특유의 수용성 색소와 아누다 키친산이라는 지용성 색소 때문이다.

깨끗한 적색으로 윤기가 있고 주름이 없는 것이 상품이고, 이쿠라가 건조되면 정종을 첨가하여 사용한다.

용도 : 초밥, 초무침

14. 청어알(数の子, 가즈노코)

건조품과 염장품이 있으며 자손번영의 연기를 비는 경사스러운 식품으로 정월요리에 많이 쓰이며, 건조품은 쌀뜨물에 담가 손질하고, 염장품은 맑은 물에 염기를 제거하고 사용한다.

두께가 있고 색상이 선명하며 알알이 잘 갖춰진 것이 상품이며, 또한 고모치와카메(こ持ち若布)라고 하는 청어가 미역에 산란한 것이 인기가 있다.

용도 : 초밥, 고바치, 무침요리

15. 문 어($だこ$, 다코)

육질은 단단하지만 맛은 별미인 참문어를 많이 쓴다. 제철은 1~2월이고 신선
한 것은 회백색을 띤다.
부패 정도가 빨리 진행되므로 다른 생선과 분리하여 보관한다.

용도 : 초회, 초밥, 젠사이, 무침 요리

1) 손질하기

① 내장과 먹물주머니를 제거한다
② 눈을 도려낸다.
③ 소금물로 문질러 점액질을 제거한다.
④ 물에 씻는다.
⑤ 소금물에 삶거나 오차물에 삶으면 부드럽고 색도 선명해진다.
⑥ 냉수에 넣어 식힌 다음 조리용 수건으로 감싸 보관하나 삶아 꺼낸 다음 식
　 혀 사용하기도 한다.

16. 새 우($海老$, 애비)

초밥용으로 보리멸새우($車海老$)와 단새우($甘海老$)가 많이 쓰인다. 종류는 2000
여 종이 넘는다고 알려져 있다.
여름이 산란기로서 늦가을이 가장 맛이 좋으며, 삶았을 때의 붉은 색은 아스
타키산틴이라고 하는 적색 색소가 응고된 것이다.

2) 손질하기

① 살 속에 대 꼬챙이가 들어가지 않게 머리 쪽 배에서부터 꼬리 쪽으로 끼운
　 다.
② 끓는 냄비에 소금을 약간 첨가한 후 약 5분정도 삶는다. 새우나 물의 양에
　 따라 조절이 가능하다.
③ 몸통과 머리를 분리하고 머리 쪽부터 껍질을 벗긴다.
④ 꼬리부분을 비스듬히 자른다.
⑤ 배 쪽에 칼집을 내어 내장을 제거한다.

17. 오징어(烏賊, 이카)

　오징어는 종류가 80여 종에 이른다. 그 중 뼈오징어, 몽고오징어, 말다레오징어, 참오징어 등이 많이 쓰인다.
　몽고오징어와 뼈오징어는 가을에서 겨울이 제철이고, 말다레오징어는 봄에서 여름, 참오징어는 여름에서 가을에 제 맛이 난다. 단백질과 글리신, 알라닌 등이 많이 들어있다.

　용도 : 초밥, 구이, 사시미, 무침

1) 손질하기

① 갑오징어의 몸쪽이 앞으로 오게 하고 양손 엄지 손가락을 오징어의 양쪽 귀퉁이에 넣어 아래로 누른다.
② 뼈를 제거하고 몸통과 다리를 분리한다.
③ 도마에 몸통 살 쪽을 붙이고 양손으로 살짝 힘을 가한 후 오른손으로 껍질을 잡아 벗겨낸다.
④ 머리 쪽에 비스듬히 칼집을 내어 얇은 껍질을 벗겨낸다.
⑤ 다리 쪽에 비스듬히 칼집을 내어 얇은 껍질을 벗겨낸다.

2) 다리손질하기

① 먹물 주머니가 터지지 않게 제거한다.
② 내장을 제거한다.
③ 내장쪽을 잡고 다리부분에 덮여 있는 얇은 껍질을 칼날이 오른쪽으로 가게 한 다음 벗겨낸다.
④ 소금으로 깨끗이 씻어서 사용한다.

1. 주무르는 초밥(にぎりずし, 니기리스시)

밥은 보통 밥보다 약간 되게 하여 초대리를 섞은 상태로 우리 체온정도를 유지하면 가장 맛이 좋다(35~36℃).

밥과 초대리를 섞어 놓은 상태를 샤리라고 하며 초밥과 생선이 조화롭게 만들어진 생선 초밥의 온도는 18~20℃가 최적의 온도라 할수 있다. 초밥알은 보통 15~20 g 정도이나 밥알 수로는 250개를 표준으로 삼고 있으며 상황에 따라 얼마든지 달라질 수 있다

1) 다네 만들기

① 초밥을 만들기 위해 포를 떠놓은 상태를 다네라고 한다

② 도미나 광어 등 흰살 생선의 다네는 무게 12 g 정도, 두께는 1mm, 길이는 10cm정도가 무방하나 참치나 방어 등 살이 부드러운 생선은 유동적으로 다네를 만들 수 있다.

③ 도마 전면 3cm되는 지점에 주 재료를 고정시키고 왼손으로 가볍게 누른 다음 오른손으로 칼을 45°각도로 누인다.

④ 칼날 안쪽이 주재료에 닿게 하고 힘껏 당기면서 마무리 시에 칼을 세워 각을 만든 다음 완성한다.

2) 초밥 만들기

① 도마 위에 샤리와 약간 젖은 행주, 다네, 레몬과 초를 섞은 물을 준비한다.

② 왼손에 다네를, 오른손에는 샤리를 둥글게 뭉친다.

③ 오른손 인지로 와사비를 찍어 왼손의 다네에 붙힌다.

④ 오른손에 들고 있는 샤리를 생선과 결합시켜 직사각형을 만든다.

⑤ 샤리가 앞쪽과 뒤쪽으로 이탈하지 않게 오른손 엄지와 중지로 막아준다.

⑥ 초밥을 뒤집어서 모양이 흐트러지지 않게 인지와 중지를 이용하여 가볍게 눌러준다.

⑦ 반대쪽으로 돌려 다시 한 번 손자국이 나지 않게 두드린다.

⑧ 초밥의 몸쪽을 엄지와 인지를 이용하여 최종적으로 각을 잡은 다음 완성
   한다.

3) 초밥 만드는순서

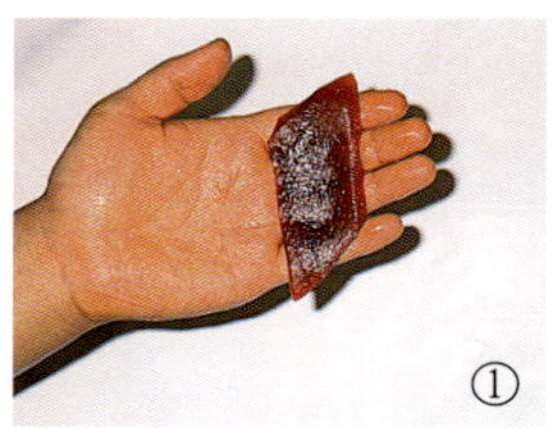

왼손에 다네를 가볍게 잡는다.

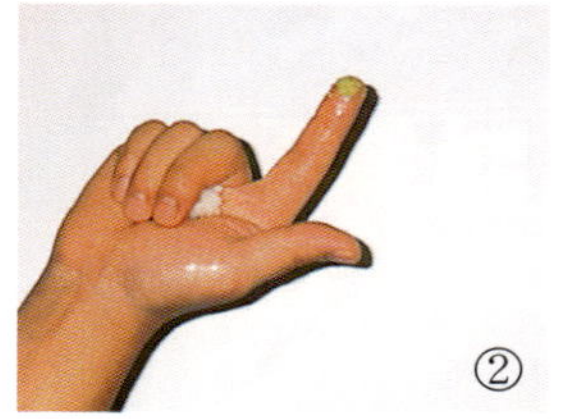

오른손으로 샤리를 가볍 게 형태를 잡아준 다음 인지로 와사비를 묻힌다.

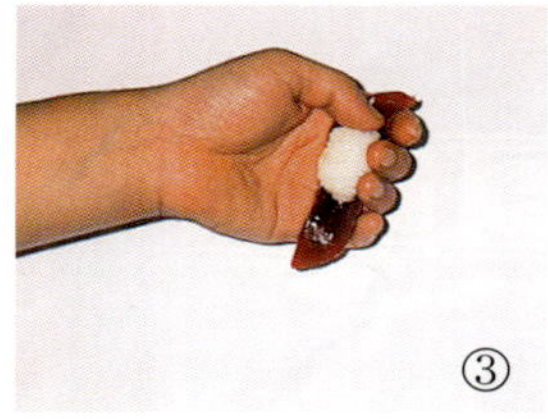

왼손의 다네에 와사비와 샤리를 놓는다. 이때 샤리 가 앞쪽으로 밀리지 않게 엄지손가락을 세워준다.

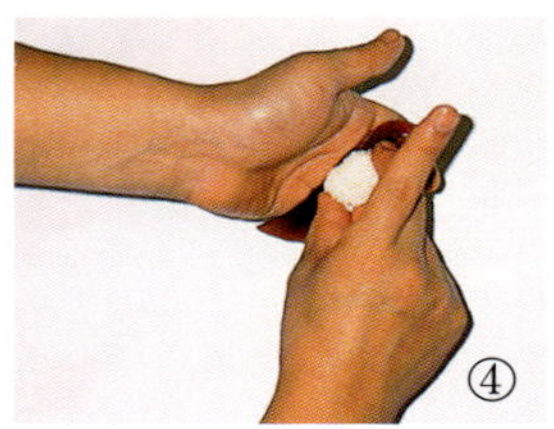

샤리의 형태가 직사각형 모양이 되도록 오른손 엄지와 중지를 사용하여 각을 잡아준다.

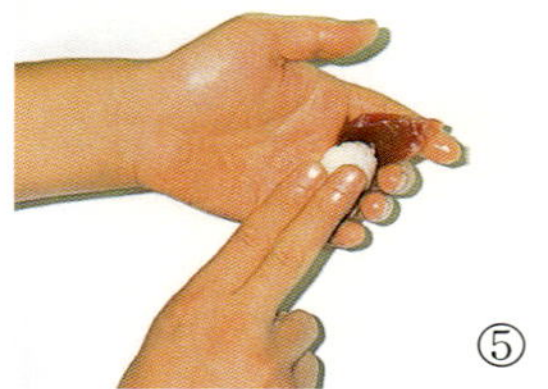

샤리의 윗면을 인지와 중지로 가볍게 힘을 가 한다.

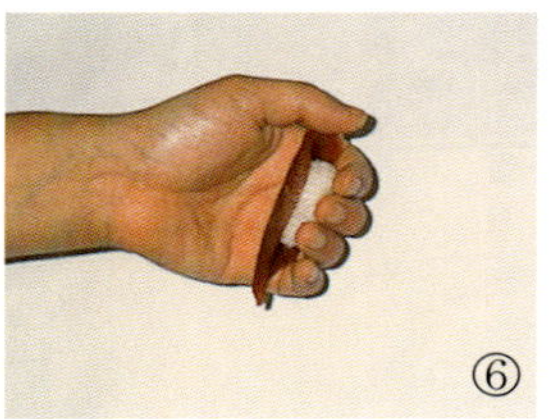

모양이 흐트러지지 않게 뒤집는다.

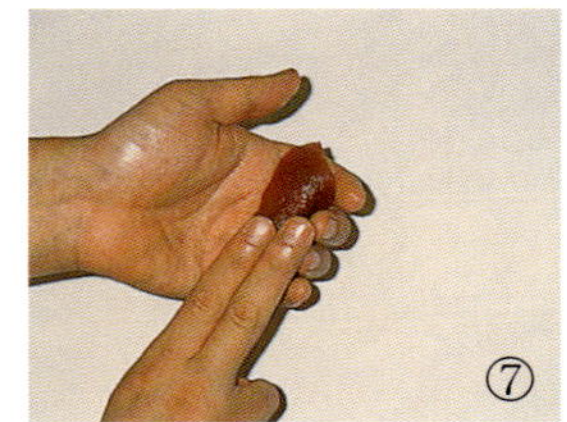

손자국이 나지 않게 가 볍게 두드려 준다.

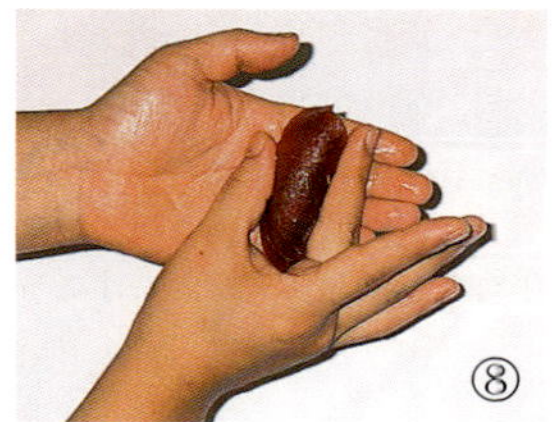

옆으로 나온 다네의 모 양을 엄지와 인지를 사 용해서 붙여준다.

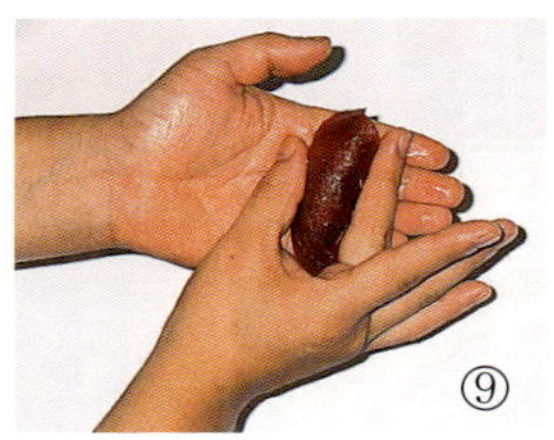

완성시킨다.

① 초밥은 담백한 재료로부터 기름기가 많은 순서로 먹고 손초밥(데마끼) 등으로 마무리하나 고객의 취향에 맞추는 것이 우선이다.

② 오차나 맑은국, 장국을 곁들여서 먹는데 오차로 먹는 게 원칙이다.

③ 오차는 단맛이 나는 것보다는 떫은맛이 나는 센차류나 향기가 좋은 호지차, 반차 등이 좋다.

④ 초밥을 먹을 때의 오차는 뜨거워야 하며 센차는 70~80℃, 호지차는 90~100℃, 반차는 80~90℃가 적당한 온도이다. 차의 역할은 입안에 남는 생선 비린내와 기름기를 씻어줄 뿐 아니라 다른 종류의 생선을 먹을 때 새로운 맛을 느끼게 하며, 초밥용 오차잔은 크고, 식는 것을 방지하기 위해 두꺼워야 한다. 이를 전문용어로 아가리라 부르는데 이는 스시 카운터의 손님을 정중히 모신다는 의미가 함축되어 있다.

참고 : 초밥을 먹을 때는 대체적으로 젓가락을 사용하지만 스시 카운터에서는 손으로 먹는 경우도 있다. 생선 쪽을 간장에 묻혀 입안으로 향하도록 하고 맑은 국이나 된장국을 마실 때는 젓가락으로 저어 양손으로 받쳐들고 먹는 것이 바른 자세이다.

5) 차의 종류

(1) 맛차

　오차나무가 살짝 필 때 따서 고온으로 찐 다음 말려서 돌절구에 갈아 고운 가루를 만든다. 물은 수돗물보다 자연 생수를 사용하는 것이 오차의 진미를 더욱 느낄 수 있고 100℃ 이상 끓여서 오차 용도에 알맞게 온도를 조절한다(60~70℃가 적당).

(2) 옥록차

오차나무를 재배할 때 태양의 직사광선을 차단시켜서 오차나무가 싹이 필 때 따서 고온으로 찐 다음 건조시켜 살짝 볶는다(60도)

(3) 센차

잎이 활짝 핀 다음 따서 고온으로 쪄서 건조시켜 살짝 볶는다. 주로 사시미를 먹을 때 사용하며 생선 비린내를 가시게 한다(70~80도)

(4) 호지차

잎이 완전히 핀 다음 기계로 따서 고온으로 쪄 밤색이 될 때까지 볶는다. 주로 식후에 사용하며 탄닌과 비타민C, 카페인이 적기 때문에 어린이나 노인에게 좋으며 일반 가정에서 많이 사용하는 대중차이다(90~100도)

(5) 반차

호지차를 만들 때 고온으로 찐 다음 밤색 빛깔이 날 때까지 볶은 것이 호지차이고 살짝 볶는 것이 반차이다(80~90도)

(6) 겐마이차

　볶은 쌀을 반차나 겐차에 섞은 것이다(80~90℃).

(7) 사쿠라차

　사쿠라 꽃 형체 그대로 삶은 다음 소금에 절여 말려서 만들며 축하용으로 많이 사용한다(70~80℃).

2 회덮밥(ちらしすし, 지라시스시)

여러 가지 재료를 흩뜨려서 담는 방법과 샤리 위에 다양한 재료를 올려 담아내는 방법이 있다.

　샤리 위에 볶은 흰깨와 간포, 오보로, 초생강을 놓고 생선 7~8가지와 계란말이, 오이 등을 슬라이스하여 담아 내고, 색상의 조화와 입체감, 그리고 날생선과 조미된 재료가 겹쳐지지 않게 담아낸다.

3. 유부초밥(いなりすし, 이나리스시)

1) 초밥, 유부 손질

① 유부를 반으로 잘라 쌀뜨물에 소금을 약간 넣고 뚜껑을 덮은 다음 열을 가한다.

② 끓으면 찬물에 깨끗이 씻은 후 가쓰오다시 500cc, 설탕 50g의 물에 5~6분 졸인후 간장 50cc를 넣고 10분 정도 경과 후 식초를 몇 방울 가미해도 좋다.

③ 당근이나 우엉을 채썰어 미징기리 한 다음 가쓰오다시 500cc, 진간장50cc, 설탕50g에 졸여 꼭 짠다

④ 샤리에 조미한 우엉과 당근 검정깨 등을 섞어 졸여진 유부안에 넣은 다음 완성하여 낸다

4. 행주초밥(茶巾すし, 쟈킨스시)

계란 지단으로 여러 가지 재료를 혼합한 샤리를 감싸서 박꼬지(식용박속)나 젖은 다시마끈으로 묶어 내는 초밥이다.

　속재료는 표고버섯, 새우살, 김, 참깨 등을 사용하며 생선류를 이용해서 만들기도 한다.

5. 상자초밥(箱すし, 하꼬스시)

오시바코라고 하는 나무나 플라스틱 상자를 이용하여 만
드는 초밥으로 상자안에 샤리를 넣고 그 위에 조미된 아나
고나 민물장어 초절임을 한 고등어, 전어 등을 놓고 뚜껑을
한 다음 무게가 있는 물건을 올려 놓아 형태가 갖추어지면
썰어서 낸다. 관서지방의 대표적인 초밥이라 할 수 있다.

제 7 절   김초밥

1. 김초밥에 이용되는 재료

1) 김(海苔, 노리)

양질의 김은 청색이 나고 두꺼우며 손에 와 닿는 감촉이 부드
럽고 매끄러운 것이 좋은 김이다. 잘 건조되지 않았거나 구멍이
난 제품 자색이 나는 것은 하급품이며 사용시에는 살짝 구워 사
용한다.

보관시에는 온도가 낮고 빛과 습기를 완전히 차단할 수 있는
장소에 둔다.

2) 표고버섯 때움(椎茸, 시이다케)

주로 건 표고버섯을 많이 이용하며 물에 24시간 불린 다
음 꼭지를 떼고 가쓰오다시 1,000cc, 진간장 400cc. 설탕 400
g, 미림 180cc의 국물에 30분정도 뭉근히 졸인다음 썰어서
사용한다.

3) 식용박속(干瓢, 박꼬지)

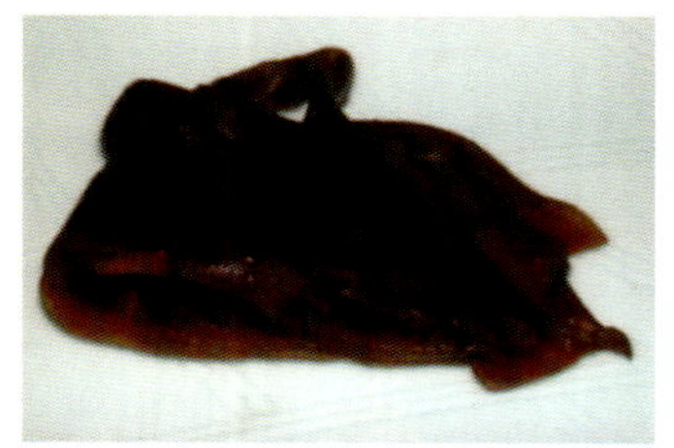

소금물에 담가 불린 다음 깨끗이 빤다. 끓는 물에 60%정도 삶아 찬물에 씻어낸 다음 물기를 제거하고 가쓰오 다시 100cc, 진간장 150cc, 설탕 100g, 다마리 20cc의 국물에 뭉근히 졸이다가 마무리 단계에서 미림 40cc를 넣어주면 맛과 광택이 좋아진다.

4) 오보로(朧)

대구나 광어 등 지방이 적은 흰살 생선을, 뼈를 제거하고 냄비에 푹 삶아 소청에 걸러 수분을 없앤다.

삶아진 흰살 생선 400g에 설탕 100g, 소금, 정종, 미림, 식용색소(주로 핑크빛)를 넣어 물중탕 한다. 나무주걱 또는 대나무 젓가락 5~6개를 묶어 저어주면서 물기가 없이 뽀송뽀송할 때까지 건조시킨다.

참조 : 계란 노른자를 넣어도 무방하며 약간 단맛이 있어야 한다.

5) 계란말이(だし巻, 다시마키)

재료로는 계란 10개, 설탕 30g, 정종15cc, 미링 15cc, 연간장 5cc, 소금 5g, 가쓰오다시 50cc가 들어간다.

계란이 엉기지 않게 잘 풀어 조미한 다음 채에 거르고, 다시마키 판에 4~5회 굴려 말아서 각을 잡아주고 식힌 다음 잘라 사용한다.

참조 : 다시마키 판 그 자체에 계란물을 부어 겹겹이 익힌 다음 사용 한다.

2. 김초밥(巻すし, 마키스시)

1) 김초밥 말기

① 김발 위에 김의 매끄러운 부분이 바깥쪽으로 가게 한 다음 샤리를 놓는다
② 샤리가 김 위에서 이탈되지 않도록 왼쪽인 경우는 김 끝에 왼손 바닥을 세우고 반대쪽인 경우도 같은 방법으로 하며 샤리를 고르게 편다.
③ 김위에 샤리를 폈을 때 상단부의 80%까지만 놓는다.
④ 중앙에 박꼬지, 계란말이, 오보로, 표고버섯, 오이 등을 놓고 사각이 되도록 말아준다.
⑤ 완성된 김초밥은 8쪽을 만들어 접시에 보기좋게 담아낸다.

3. 가늘게 말기(細巻き, 호소마키)

1) 데카 마키(鐵火巻き)

김 0.5장에 샤리를 편 다음 빨간 참치와 와사비를 바르고 말아서 낸다. 뎃카라고 하는 말은 참치 색깔이 붉은 색을 띠고 있어 마치 그 모양이 달궈놓은 쇠모양과 유사하다는 것을 의미하고, 와사비는 쇠가 부딪힐 때 푸른 불빛이 일어나는 것을 비유한 연유에서 참치 김초밥을 뎃카 마키라 부른다.

2) 규리마키(胡爪巻き, 오이 김초밥)

갓파마키(かっぱ巻き)라고도 하며, 김 0.5장에 샤리와 절이지 않은 상태의 오이를 잘라 와사비를 넣고 말아서 자른 다음 낸다.

전설 속의 우두대왕이라고 하는 사람이 오이를 너무 좋아해서 일명 갓파대왕이라 불렸는데, 이것이 기호품이 되어 갓파마키라 불려지고 있다

4. 후토 마키(太卷き, 굵게 말기)

보통 김초밥보다 굵게 마는 것을 말하고 캘리포니마 마키는 아보카도가 주재료가 되며 우라 마키는 샤리가 표면에 나오게 마는 김초밥을 말한다.

5. 데마키(手卷き)

김 1/2장에 샤리를 삼각형이 되게 하고 부재료를 놓은 다음 그림과 같이 만다.

◈ 다시마키 마는 방법

조미된 계란 물을 철판에 부어 표면이 건조해지면 바깥쪽에서 안쪽으로 만다.

철판의 밑면에 식용유를 얇게 바르고 만 계란을 이격시킨 다음 식용유를 다시 한 번 발라 준다.

계란 물을 부어 전체면에 고르게 편다.

같은 방법으로 손목에 반동을 주어 바깥쪽에서 안쪽으로 만다.

만 계란을 깁발로 감싸 각을 잡아 준 다음 무게가 있는 접시 등을 놓아 직사각형을 만든다.

◈ 지단만들기

철판을 중불로 가열하고 식용유를 고루 발라준다.

얇게 익힌 계란 밑에 젓가락을 넣어 들어 올린다.

들어 올린 계란을 앞쪽 부분을 향하게 놓고 반대쪽으로 돌려 뒤집어 익힌다.

김발 위에 김을 깔고 샤
리(초밥)를 고르게 편다.

박꼬지, 다시마키(계란말
이), 오보로, 오이, 시이
다케(표고버섯)등을 놓
는다.

내용물이 한 중앙에 위
치하게 직사각형으로 말
아준다.

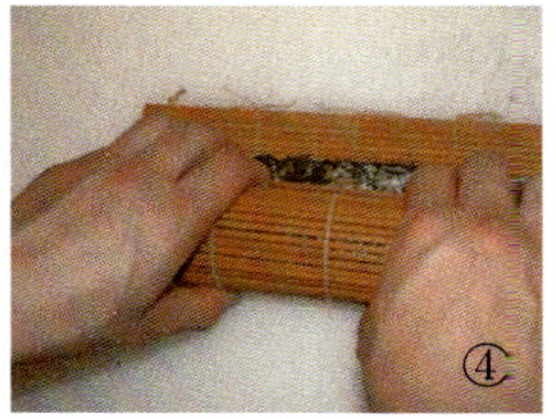

만 김초밥을 한번 더 말
아 각을 잡아 준다.

정 중앙 부위를 칼로 자
른다.

8쪽이 되게 보기 좋게
자른 다음 완성한다.

◈ 뎃카마키

김발위에 김을 놓고 샤리
(초밥)를 고르게 편 다음
와사비를 첨가한다.

직사각형 형태의 아카미
(참치)를 길이에 맞게 썰
어 놓는다.

김으로 만 상태가 각을 이
루도록 말아둔다.

길이와 높이를 일정하게
자른다.

◈ 전갱이 손질법

양면의 비늘을 치고 가
슴쪽 부위를 칼을 잘라
내장을 제거하고 깨끗
이 씻는다.

씻은 전갱이는 행주로
물기를 제거한 다음 머
리가 오른쪽으로 오게
하고 중간뼈에 칼을 넣
어 꼬리쪽으로 밀며 포
를 뜬다.

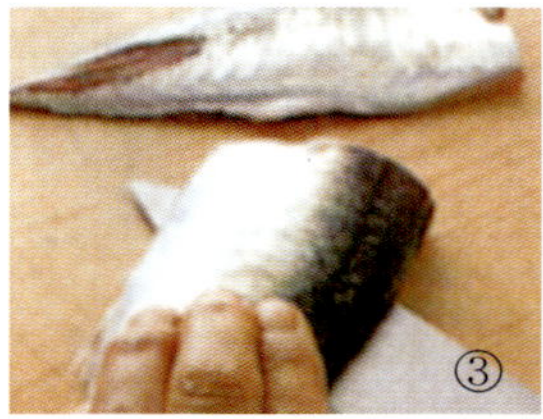

뼈에 붙어 있는 살을 거
꾸로 뒤집에서 같은 방
법으로 칼을 넣어 자른
다.

양쪽의 살과 가운데 뼈
로 3장뜨기(산마이 오로
시)가 끝나면 가슴뼈를
제거한다.

꼬리 쪽에서 머리 쪽으로 비늘을 제거한다.

머리와 몸통을 분리한다.

배를 갈라 내장을 제거한다.

등지느러미를 자른다

가운데 뼈를 중심으로 3장뜨기(산마이 오로시)를 한다.

갈비뼈를 제거한다.

세꼬시

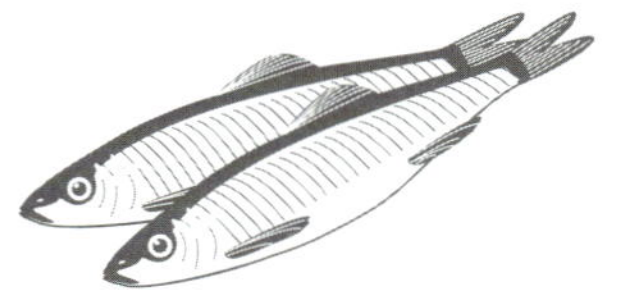

◙ 오징어 손질방법

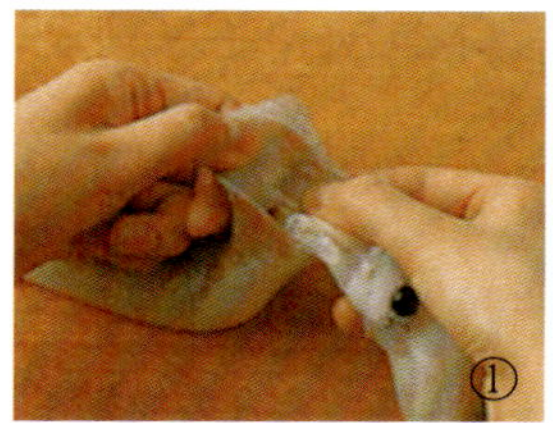

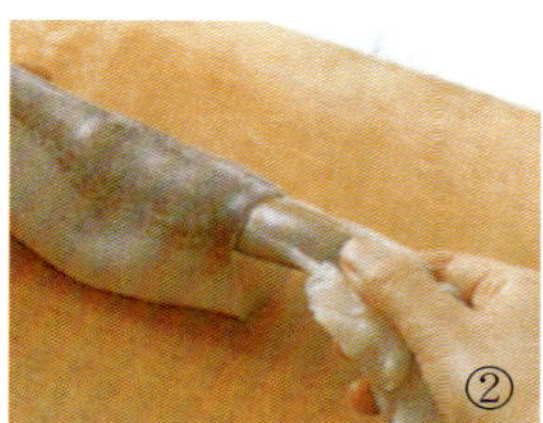

몸통과 발의 이음새 부
분에 손가락을 넣어 힘
을 가해 누른다.

지느러미 살을 눌러 내장
이 터지지 않게 조심하면
서 다리를 잡고 당긴다.

흐르는 물로 오징어 내
장을 깨끗히 씻고 물렁
뼈는 손가락을 넣어 제
거한다.

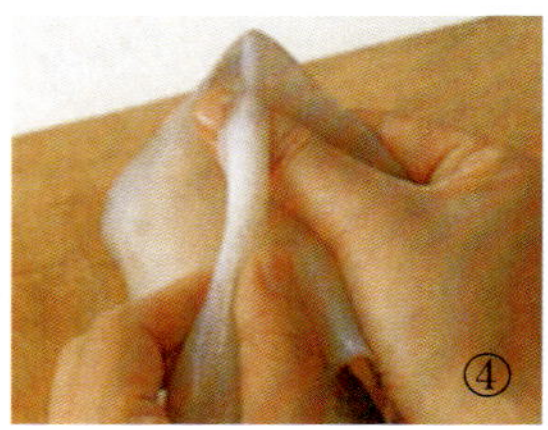

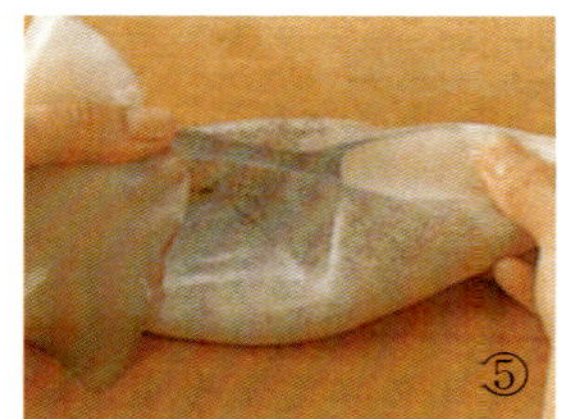

지느러미 살과 오징어
몸통 사이에 손가락을
넣어 오징어 앞쪽의 물
렁뼈를 제거한다.

지느러미 살을 밑으로 향
하게 하고 남은 껍질이
붙어 있는 곳에 손가락을
넣어 껍질을 벗긴다.

◙ 오징어 발 손질하기

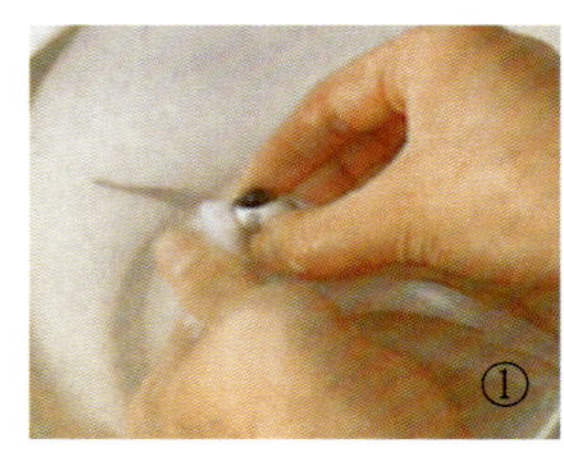

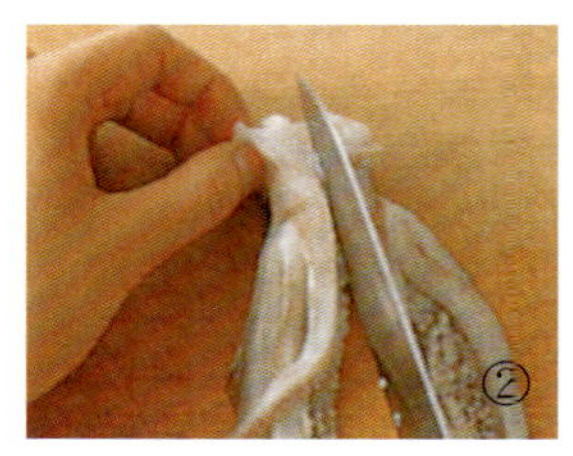

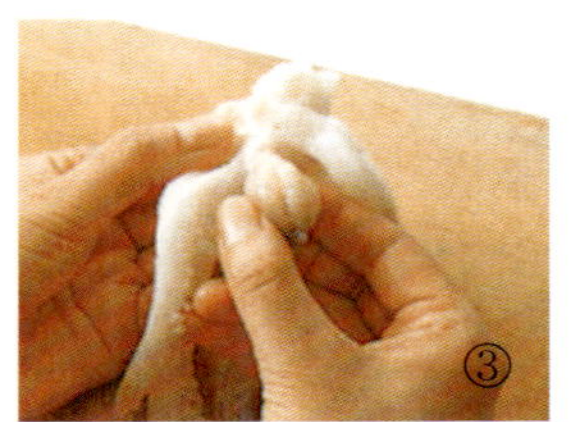

눈 바로 위에 칼을 넣어
내장을 발 쪽에서부터
붙어있는 눈을 물 속에
서 눌러 밖으로 나오게
한다.

다리 쪽에 붙어 있는 물
렁뼈 등은 칼을 넣어 켜
준다.

다리에 붙어있는 중앙
부위의 주둥이를 분리한
다.

다리의 상단부에 붙어 있는 물렁뼈를 잘라낸다.

✧ 정어리 손질방법

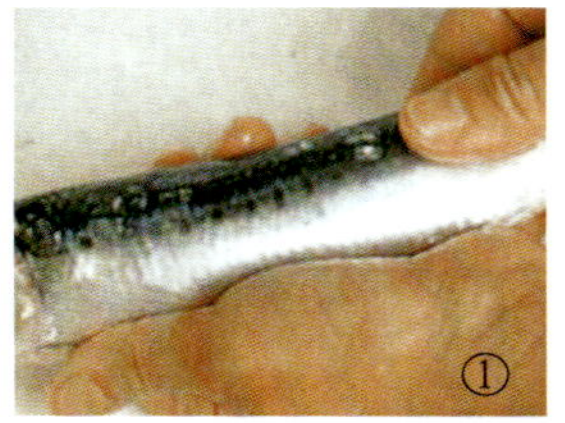

① 엷은 소금물 안에서 꼬리가 머리를 향하게 한 다음 긁어 내듯이 비늘을 제거한다.

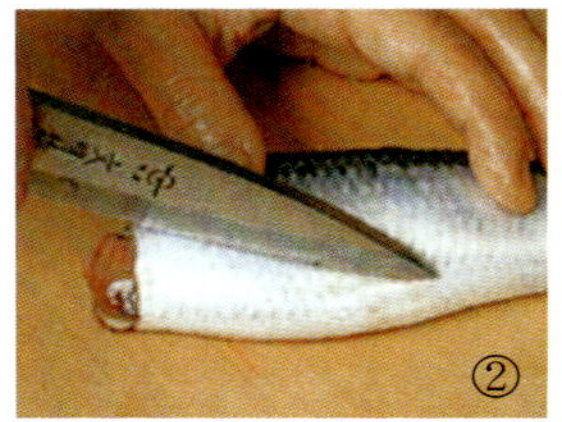

② 가슴 지느러미 밑에 칼을 넣어 머리를 자른 다음 배에 비스듬히 칼집을 낸다.

③ 그대로 뱃살을 자르고 칼의 앞쪽을 사용해서 내장을 긁어내고 소금물로 깨끗이 씻는다.

④ 가운데 뼈 위에 엄지손가락을 넣어 손가락이 꼬리 쪽을 향하게 하면서 씻는 과정을 진행한다.

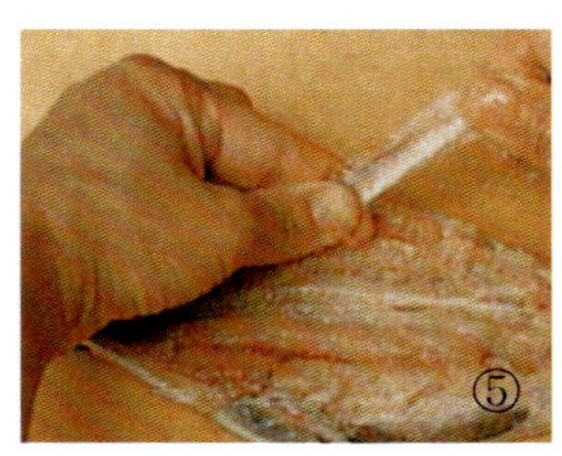

⑤ 머리 쪽에서부터 손가락을 사용해서 중간뼈에 살이 붙지않게 분리한다.

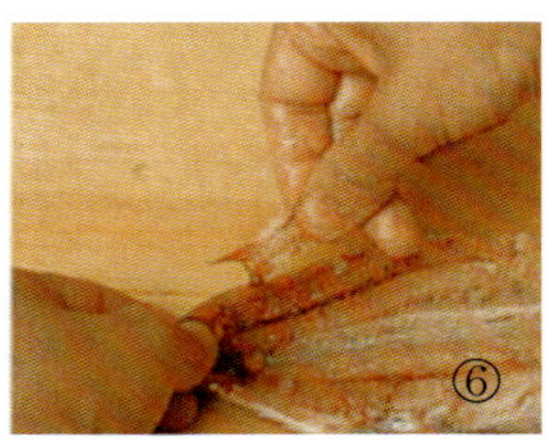

⑥ 중간뼈를 머리 쪽까지 떼어내다가 마지막 부분에서 완전 제거한다.

양쪽의 가슴뼈를 형태가 흐트러지지 않게 제거한다.

작업이 종료되면 다시 한 번 소금물에 씻어서 소쿠리에 받혀 물기를 제거한다.

◈ 전복 손질

소금을 뿌려 점액질을 제거한다.

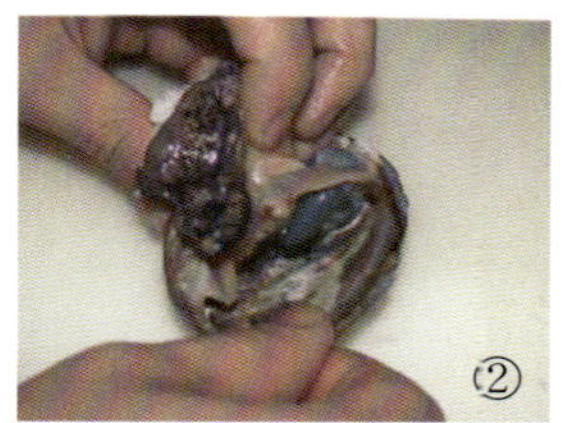

기구를 사용하여 살과 껍질을 자른다.

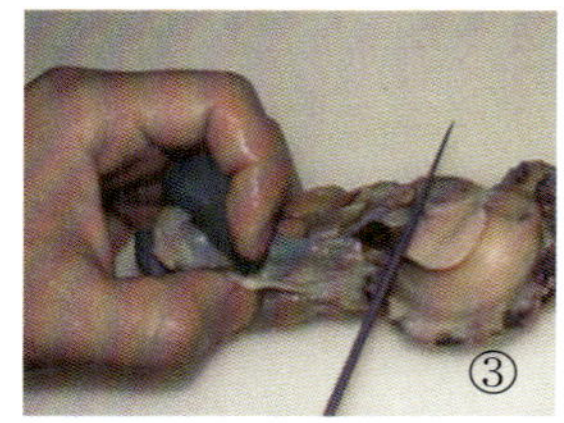

살과 내장을 분리한다.

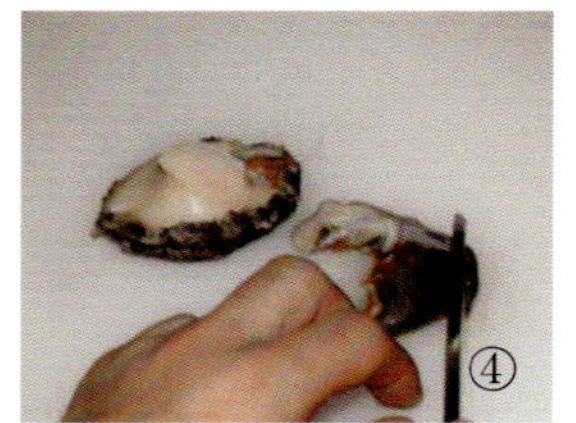

쓸개를 제거한다.

용도에 맞게 사용한다.

고보

시소노미 구라게

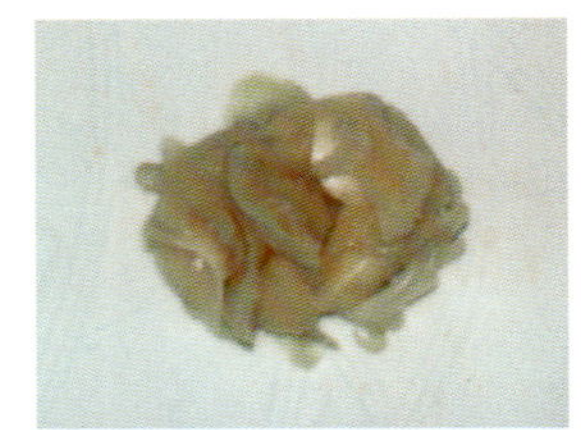

스시가리

시바쓰케

박꼬지

나라쓰케

낫토

락교

바테라 곤부

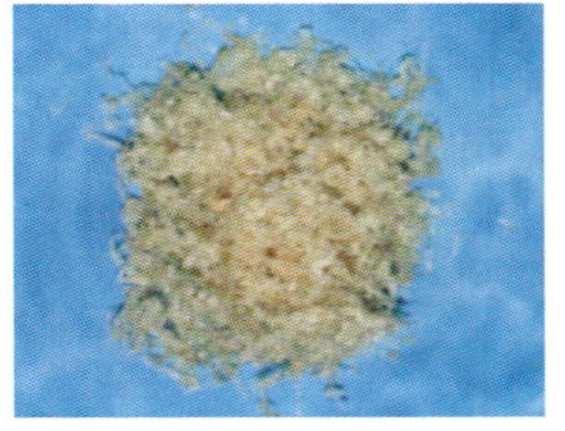

이도기리

볶은김치

다쿠앙

가즈노코(청어알)

이쿠라(연어알)

도비코(날치알)

오이쓰케

우니(성게알)

▲ 광어

▲ 도미

▲ 전갱이

▲ 학꽁치

▲ 단새우

▲ 방어

日
食

▲ 고등어

▲ 차새우

▲ 갯가재

▲ 전복

▲ 피조개

▲ 피조개대리초밥

▲ 성게알, 연어 관자

▲ 참치데카마키

▲ 규리마키

▲ 김초밥

▲ 붕장어상차초밥

日食

▲ 유부초밥

▲ 모듬초밥

▲ 외출용김초밥

▲ 외출용초밥

▲ 보리멸은어 쯔카다스시

모듬초밥

자킨스시

16

복어요리

복어요리

생 김새는 다른 어떤 생선보다 못한 듯 하지만 겨울철 요리 중에서 복어요리는 최고의 진미라 할 수 있을 것이다. 복어에는 테트르도톡신이라는 독이 들어 있어 주의를 기울여 조리해야 하며 복어 한 마리가 갖고 있는 독이 사람 33명을 살상할 수 있다고 하니 매우 조심스럽게 다루어져야 한다.

그러나 제독방법을 철저히 준수하여 조리하면 그 어떤 요리보다 훌륭한 맛을 연출해 낼 수 있다. 특히 눈내리는 겨울밤에 복지리(뎃지리)와 복 지느러미 술(히레사케), 복어회(뎃사) 등은 겨울의 정취로서는 최고의 요리이다.

1. 복어요리

우리 나라의 호텔이나 복요리 전문점에서는 복어지리, 복매운탕, 복지느러미 술, 복구이, 복껍질 무침, 복회, 복튀김, 복찜 등의 일품요리와 다음과 같은 코스요리를 내고 있다. 복어진미, 복어전채 요리, 복어 맑은 국, 복어회, 복어튀김, 복냄비, 복초회, 일본식 김치 밥 또는 죽, 후식이다.

복요리를 취식 할 때의 술은 대부분 복 지느러미를 말려서 구운 다음 정종 속에 불을 붙여 취음하는 히레사케가 어울리는 술이다.

2. 복어의 종류

복어는 세계적으로 100여 종이 서식하고 있는 걸로 알려져 있으나 우리나라 연근해 어장에서 잡히는 복어는 약 30여 종에 불과하다.

이중에서 식용이 가능한 복어는 15종류로 분류된다. 범복, 까마귀 복, 참복, 상재복, 피안복, 줄무늬 복, 깨복, 붉은 눈복, 배복, 줄무늬 고등어 복, 철복 등이 있으나 가장 상품성이 있는 것은 참복, 까마귀 복, 범복이다.

3. 복어 제독 방법

복어에는 장기, 아가미, 심장, 안구, 신장, 간장 , 담낭, 위장, 비장, 점막, 난소 등에 테트르도톡신이 분포되어 있으므로 반드시 제거하고 조리해야 한다. 또한 알코올에는 분해되지 않으나 흐르는 물에는 분허되므로 복어의 기초 손질이 끝난 후 3~4시간 흐르는 물에 담갔다가 사용하면 안전하다.

4. 복어요리의 먹는 방법

1) 사시미(뎃사)

일반적인 생선회는 사시미라 부르지만 복어회는 뎃사라 부른다. 도라후구라는 복이 적당하며 두껍게 썰면 질겨서 먹기가 어려우므로 최대한 얇게 떠서 담는다.

뎃사를 켠 모양은 국화꽃, 목련, 공작, 학 등의 다양한 형태로 만들 수 있으며 접시의 밑면이 훤히 보일 정도로 포를 떠야함을 숙지해야 한다.

먹을 떼는 폰즈라는 초간장과 모미지 오로시 그리고 실파를 썰어 찬물에 꼭 짠 다음 섞어 먹기도 하고 살을 펴놓고 미나리를 말아서 먹기도 한다.

※ 폰즈 - 진간장 100cc, 식초 100cc, 가쓰오다시 200cc, 오렌지 즙 1개

5. 복냄비(뎃지리)

토기냄비를 사용하며 복살, 주둥이, 이리, 피하조직과 배추, 대파, 표고버섯, 두부, 삶은 무, 당근, 미나리, 복떡, 팽이버섯 등을 사용한다.
① 다시마 국물을 우려내어 준비한다.
② 살짝 데쳐서 원하는 양만큼의 복을 준비한다(1인분 350g).

③ 준비된 야채를 바로 넣기도 하지만 무, 배추, 당근 등은 초벌 데쳐모양을 내어 넣기도 한다, 이때 복떡은 구워서 사용한다.

④ 주재료인 야채와 복을 넣고 중불에서 끓인다.

⑤ 소금을 넣고 조미료를 첨가한 다음 고명으로 미나리와, 팽이버섯, 무, 당근 꽃으로 완성한다.

⑥ 소스는 폰즈를 사용한다.

6. 복죽(죠우스이)

① 냄비요리를 먹고 난 국물에 밥이나 떡을 넣어 끓여 취식한다.

② 준비된 다시물에 쌀을 볶거나 밥을 이용하여 토기냄비에 넣고 중불로 가열한다.

③ 복살을 넣고 소금으로 약한 간을 한 다음 된장으로 마무리한다.

④ 계란 1개를 잘 풀어 완성한 다음 고명으로 김이나 미나리를 놓아 낸다.

7. 복구이(후쿠 야키)

① 복 350g을 소금간을 약간하여 30분 정도 놓아둔다.

② 불 위에 올려 놓고 타지않게 정성스럽게 굽는다.

③ 접시에 담고 레몬이나 스다치를 첨가하여 완성한다.

8. 복 튀김(후구 가라아게)

① 준비된 복 1인분에 계란 노른자 1개, 실파, 연간장, 소금, 후추, 참기름을 넣고 버무린다.

② 전분을 적당량 넣고 168℃의 온도에서 초벌 튀겨낸다.

③ 175℃에서 한번 더 튀긴 다음 낼 때에는 튀긴 당면과 기름종이를 접시에 깔고 복을 올려 놓은 다음 스다치와 함께 낸다.

9. 히레사케(지느러미술)

① 복어 지느러미를 소금 등을 이용하여 점액질을 깨끗이 제
　거한 다음 나무판이나 기타 미끈한 벽에 붙여 말린다.
② 말린 후 약간 태운 듯이 구워 정종 한 컵의 양을 데운
　다음 구운 히레 2~3개를 넣어 낸다.
③ 취음하기 직전 불을 붙이면 더욱더 새로운 맛을 연출할 수
　가 있다.

10. 복어차 덮밥(후쿠차 쓰케)

용기에 적당량의 밥을 놓고 그 위에 뎃사 5~6조각을 올려 김
과 와사비 간장으로 간을 하여 취식한다.
국물은 호지차나 센차를 이용한다.

11. 니코고리(복껍질 굳힘)

껍질과 피하조직을 썰어서 간장과 조미료를 첨가한 후 30분정
도 끓이면 젤라틴이 생성된다. 이것을 나가시캉(사각팬)에 붓고
식힌 다음 젠사이용으로 쓴다. 한천과 젤라틴을 넣기도 한다

복껍질을 넣고 끓인다.

간장으로 색상을 낸다.

사각팬에 넣어 굳힌다.

12. 복껍질 무침

　가시를 제거한 복껍질을 데쳐 잘게 썬 다음 미나리, 참께, 모미지오로시, 폰즈와 함께 무쳐 레몬을 첨가하여 낸다.
　볶은 참깨를 뿌려주기도 한다.

13. 복정란 구이

　복어 정란을 한입 크기로 자른 다음 살짝 데쳐 소금을 뿌려 구워 완성한다. 레몬을 첨가한다.

14. 복정란 조림

　구운 정란을 간장, 가쓰오다시 미링, 정종을 첨가하여 살작 조린 후 아카오로시와 실파를 첨가하여 낸다.

15. 복된장국

　가쓰오다시를 만들어 된장을 푼다. 간이된 된장국에 복살을 넣어 끓여 낸다.

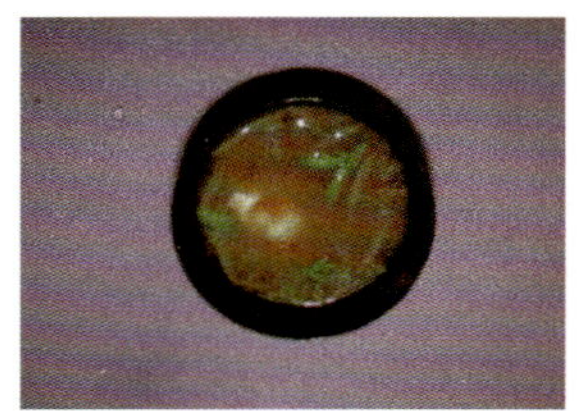

16. 복찜

　찜통에 복과 정종, 소금 야채를 넣고 15분 정도 찐다. 그런 다음
냄비에 담아 연간장, 요시니쿠를 넣어 앙가게 하여 낸다.

17. 미림보시

　간장, 가쓰오다시, 정종, 미링, 참께를
넣어 연한 소스를 만든 다음 복살을
넣고 약 5시간 정도 둔다. 그런다 음
꼬챙이에 키워 말린 후 구워서 사용한
다.

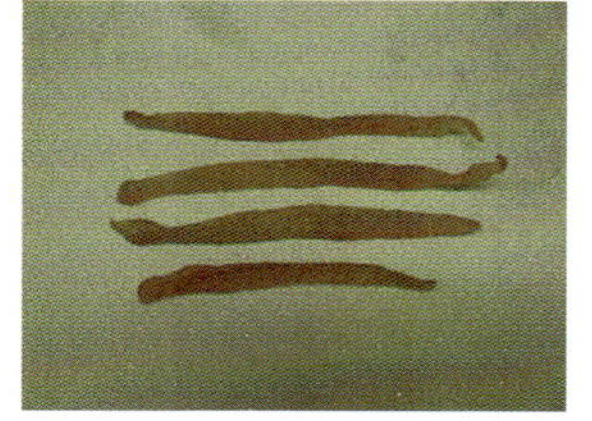

18. 복껍질 밀기

　도마 끝 부분에 그림과 같이 복껍질을 고정시키고 가시를 제거
한다.

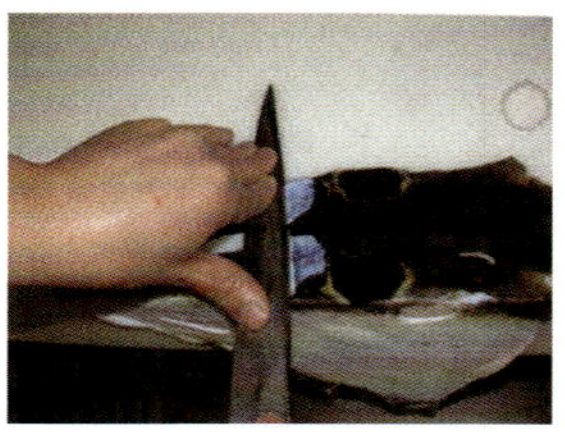

19. 복껍질 데치기

끓는 물에 복껍질을 넣는다.

익으면 건져 낸다.

얼음물에 담근다.

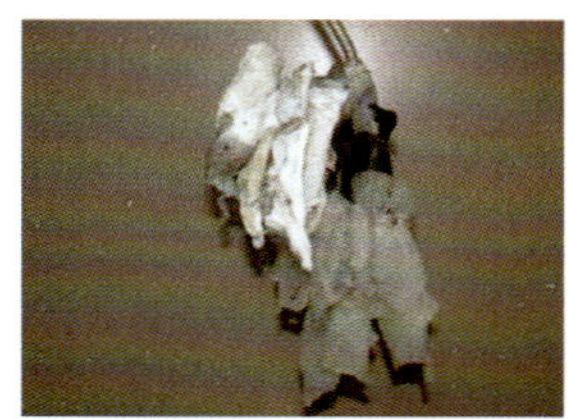

꼬챙이에 끼워 물기를 제거한 다음 용도에 맞게 사용한다.

식용가능한 복어

○ 범복(Takifugu rubripes)

○ 상자복(Takifugu vermicularis snyderi)

○ 참복(幼魚)

○ 참복(Takifugu porphyreus)

○ 까마귀복(Takifugu chinensis)

○ 잔무늬복(Takifugu poecilonotus)

○ 피안복(Takifugu pardalis)

○ 줄무늬복(Takifugu xanthopterus)

○ 검은고등어복(Lagocephalus gloveri)

○ 깨복(Takifugu stictonotus)

○ 깨복(Takifugu stictonotus)

○ 철복(Lagocephalus laevigatus inermis)

○ 흰고등어복(Lagocehalus wheeleri)

○ 삼색복(Takifugu flavidus)

○ 삼색복(幼魚)

○ 검은고등어복(Lagocephalus gloveri)

식용불가능한 복어

✗ 배복(Takifugu vermicularis)

✗ 벌레복(Takifugu exascurus[Jordan et Snyder]

✗ 선인복(Canthigaster rivulata
[Temminck et Schlegel])

✗ 잔무늬속임수복
Takifugu alboplumbeus[Richardson])

日食

× 별복
(Arothron firmamentum〔Temminck et Schlegel〕)

× 불길한 복(Canthigaster rivulata〔Temminck et Schlegel〕)

× 독고등어복
(Lagocephalus lunaris〔Bloch et Schneider〕)

× 꼬리복
(Amblyhnchotes hypselogenion〔Bleeker〕)

× 무늬복 (Arothron stellatus〔Bloch et Scheneider〕)

✕ 배복(Takifugu vermicularis radiatus[Abe])

✕ 얼룩곰복
(Lagocephalus lagocephalus ocealus
oceanicus Jordan et Evermann)

✕ 별두개복
(Takifugu bimaculatus [Richardson])

✕ 폭포수복
(Takifugu oblongus[Bloch]))

◈ 복 손질

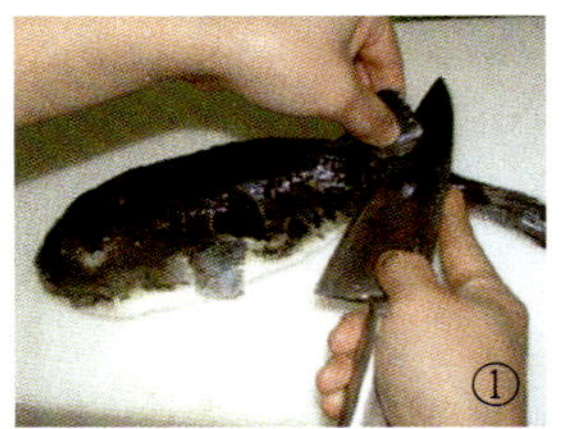

① 표면의 점액질을 제거하고 지느러미를 자른다.

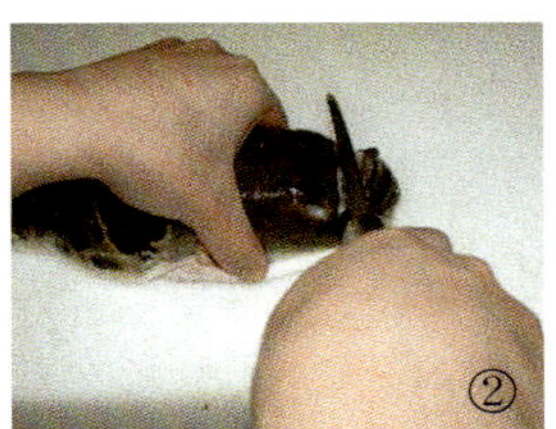

② 주둥이와 콧등 사이에 칼을 넣어 입을 잘라낸다.

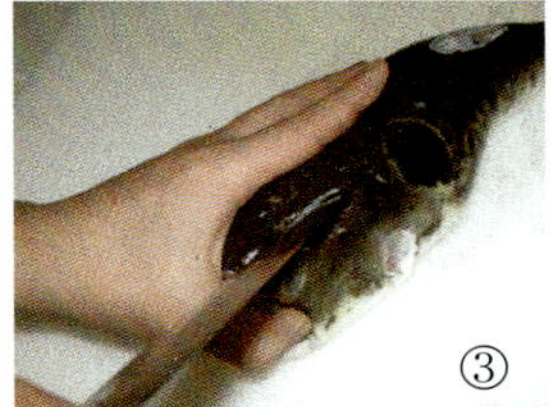

③ 머리 부분이 앞으로 오게 하고 오른쪽 껍질을 칼을 넣어 꼬리 쪽으로 자른다.

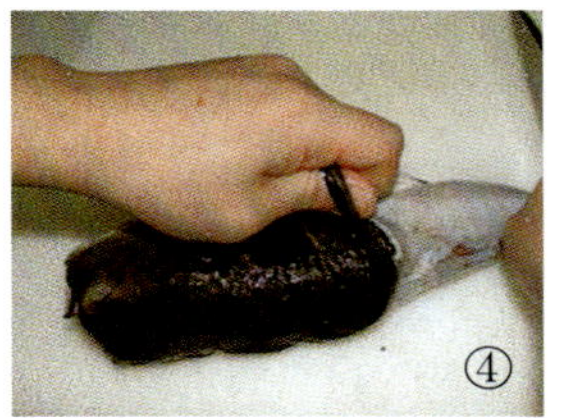

④ 반대쪽의 옆면도 같은 방법으로 잘라 준다음 껍질을 벗긴다.

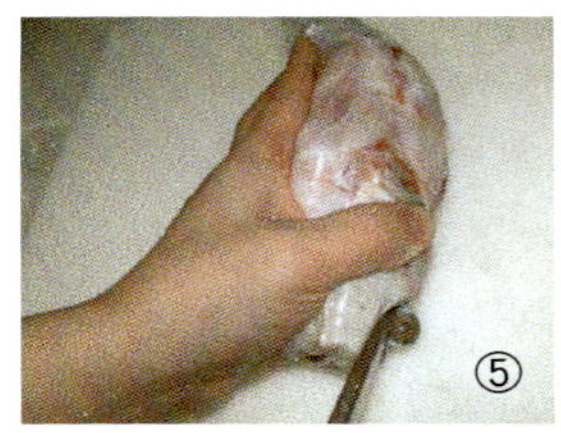

⑤ 양눈을 도려 낸다.

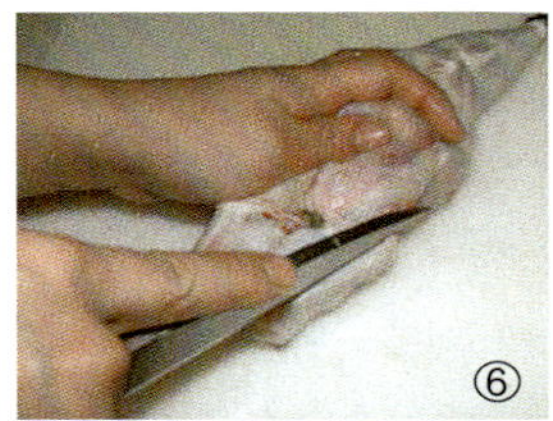

⑥ 양쪽의 아가미 부분에 칼을 넣어 가슴뼈와 붙어 있는 마디를 잘라 준다.

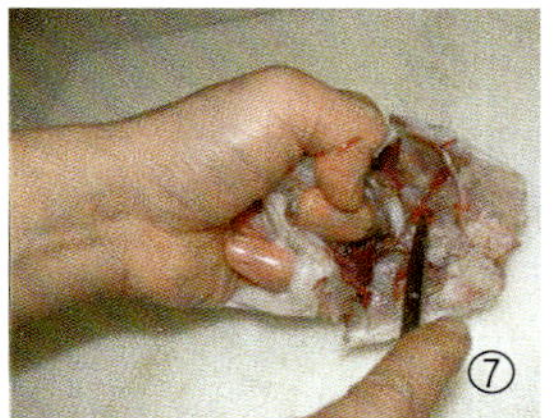

⑦ 아가미 가운데에 왼 손 인지를 넣어 꼬리 쪽으로 잡아 당긴다.

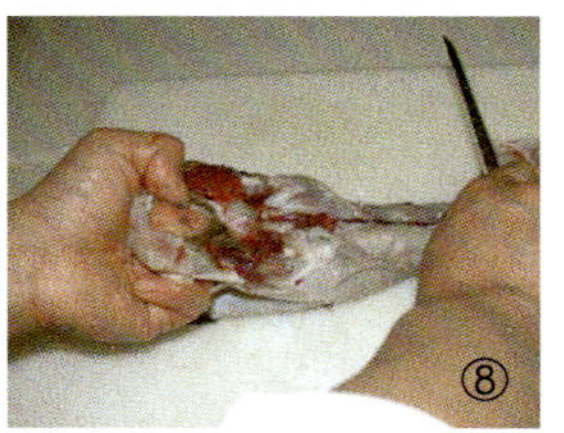

⑧ 내장과 몸통을 완전 분리한다.

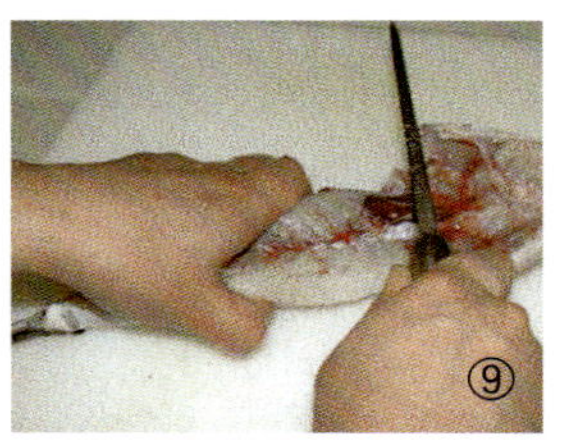

⑨ 머리와 몸통을 잘라 분리한다.

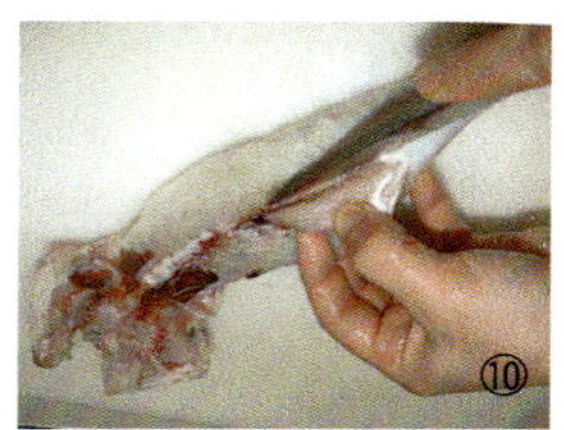

가슴 끝 부분에 붙어있는 살을 양쪽으로 칼을 넣어 도려 낸다.

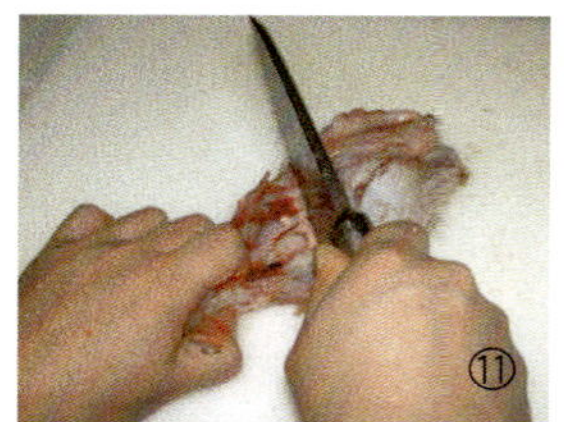

가슴뼈 끝 부분을 잡고 데바칼로 밀어 내듯이 내장을 분리한다.

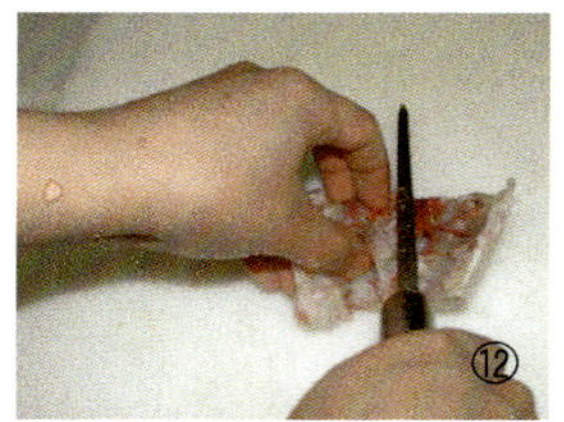

머리를 2등분한다.

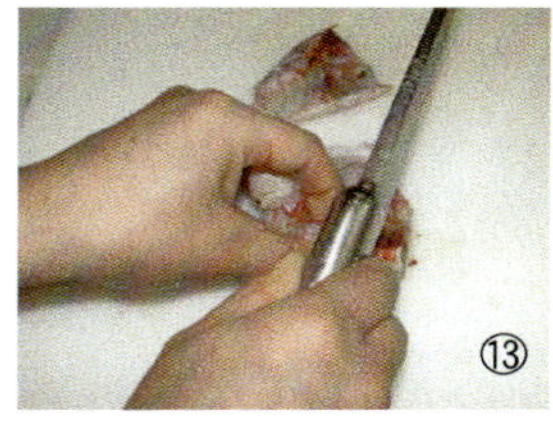

머리부분에 붙어있는 피맺힘을 제거한다.

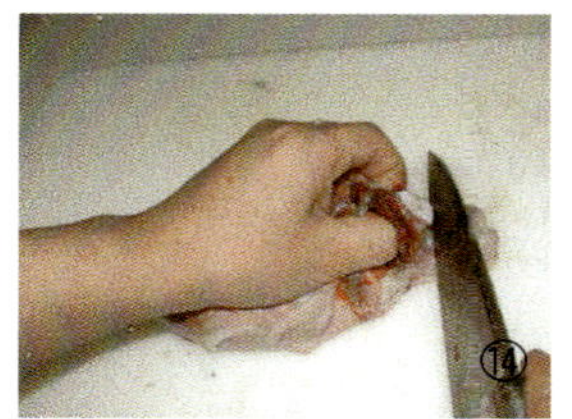

내장과 아가미를 제거하고 갈비뼈 부분에 붙어있는 살을 도려낸다.

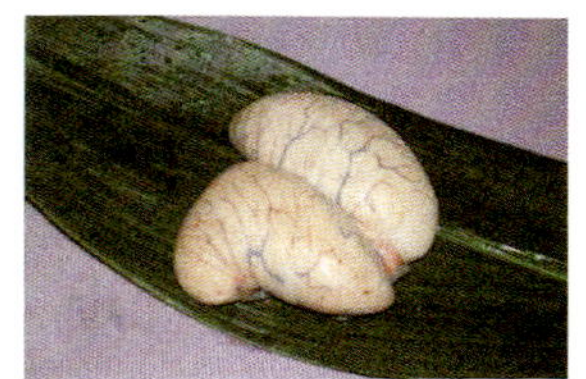

복어알

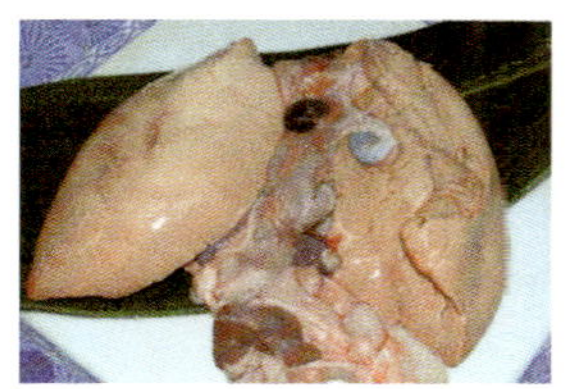

복어간

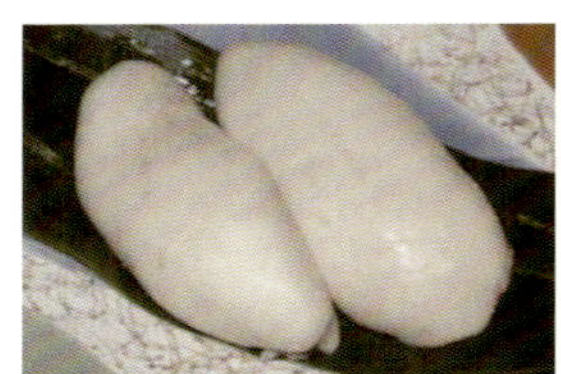

복어정란

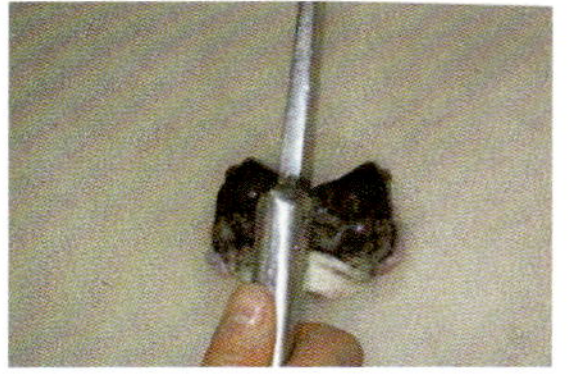

머리부분

머리데쳐 식힘

17

정식요리

정 식 요 리

1

복어회정식

1. 복초회
2. 복어지리
3. 뎃사
   (복어 사시미)
4. 젠사이
5. 야쿠미
6. 폰즈
7. 복튀김

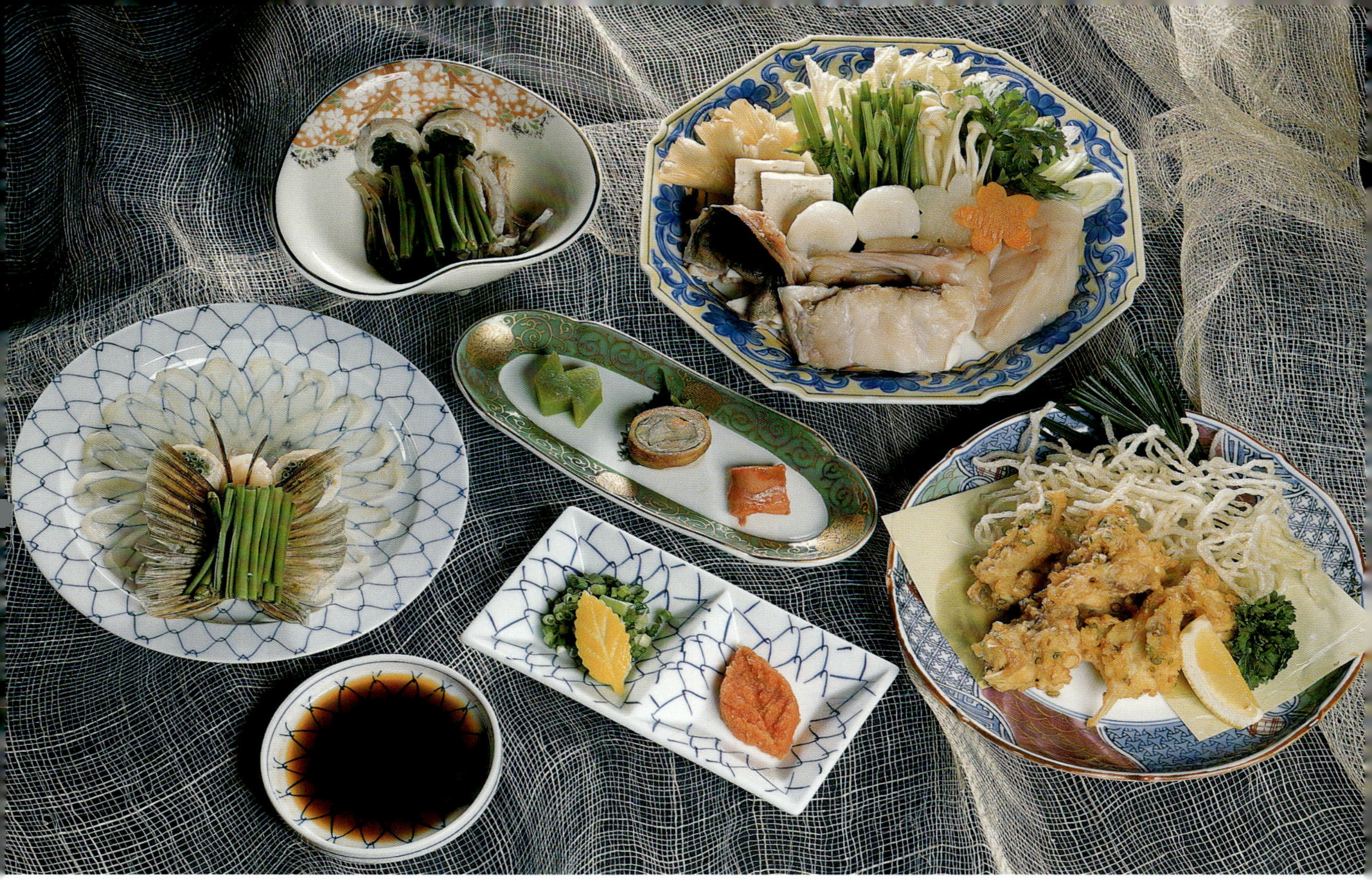

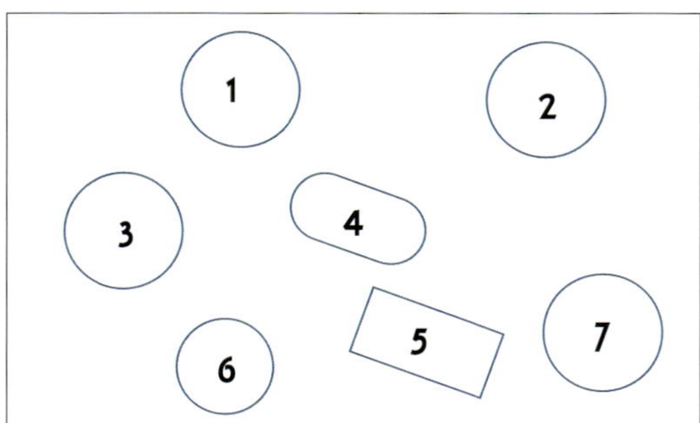

조식정식

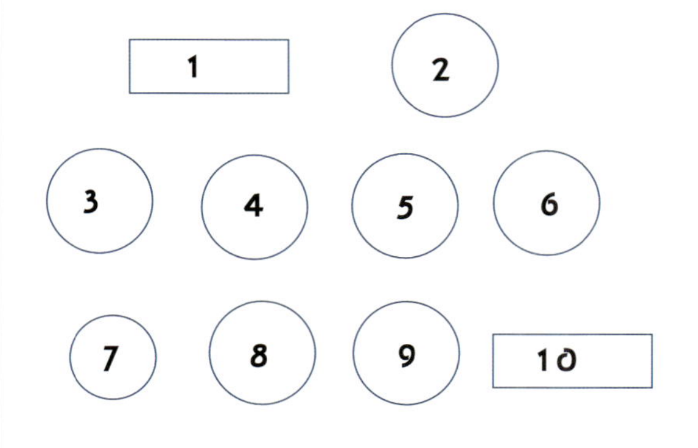

2

1. 메로스테이드
2. 샐러드
3. 계란찜
4. 야마가케
5. 오싱코
6. 조림요리
7. 명란젓
8. 밥
9. 장국
10. 김

3

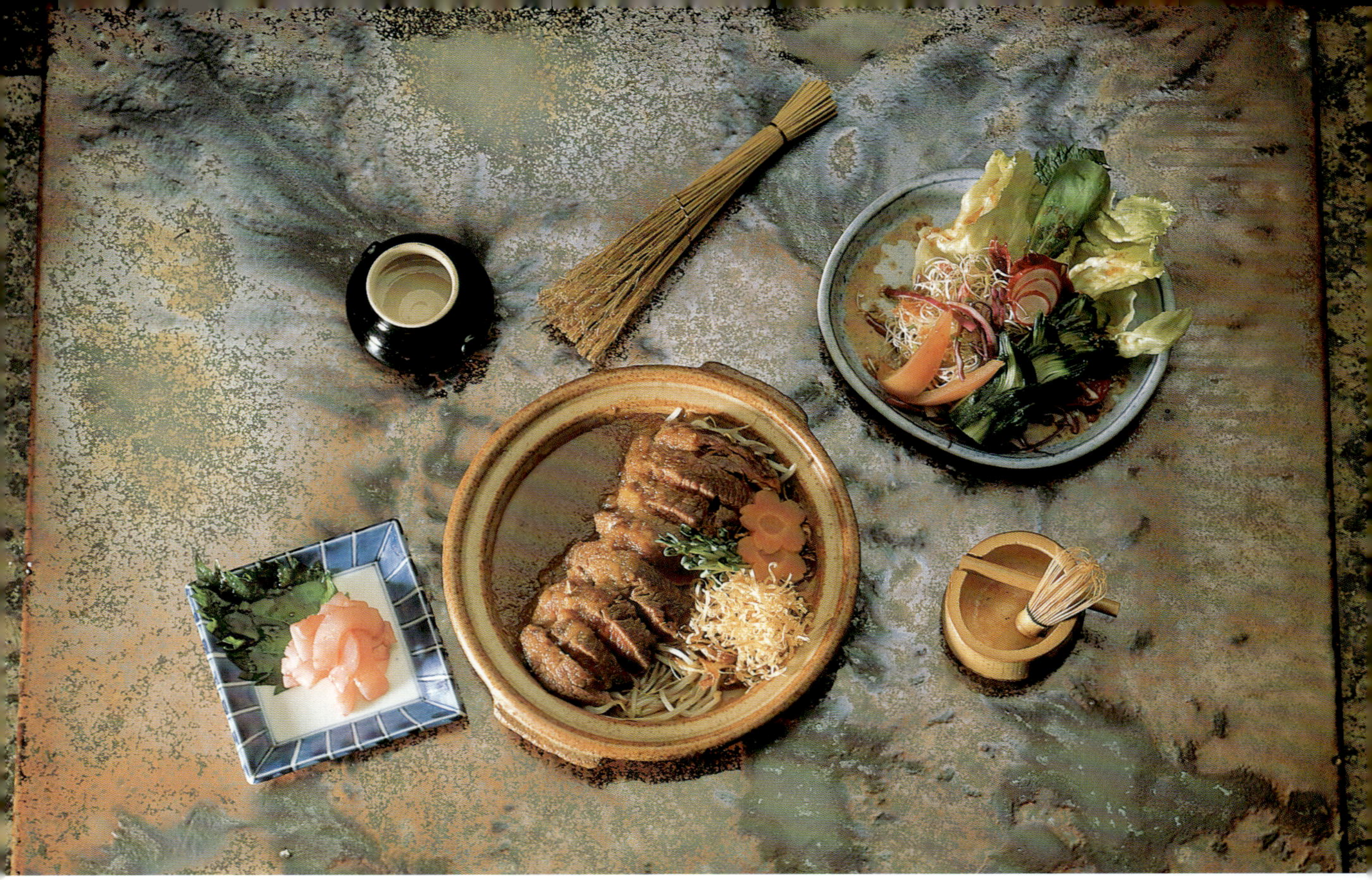

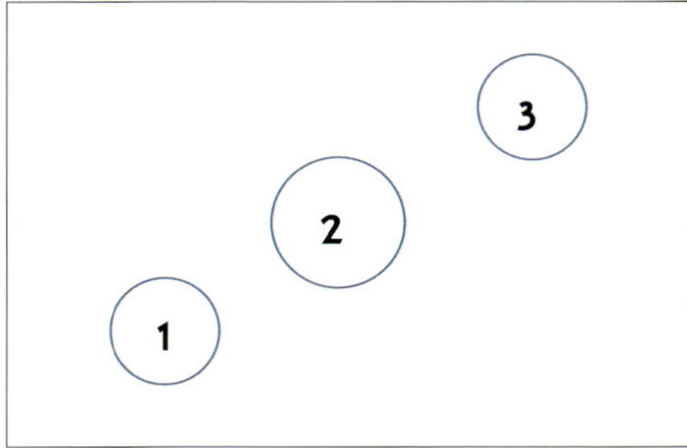

안심정식

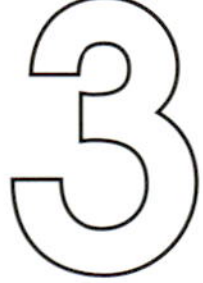

1. 갑오징어 무침
2. 안심 조림
3. 샐러드

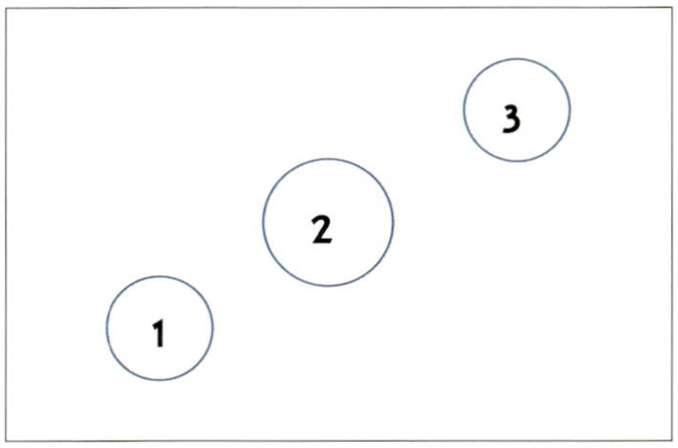

장어정식

| 1 | 2 | 3 |
| 4 | 5 | 6 | 7 |

4

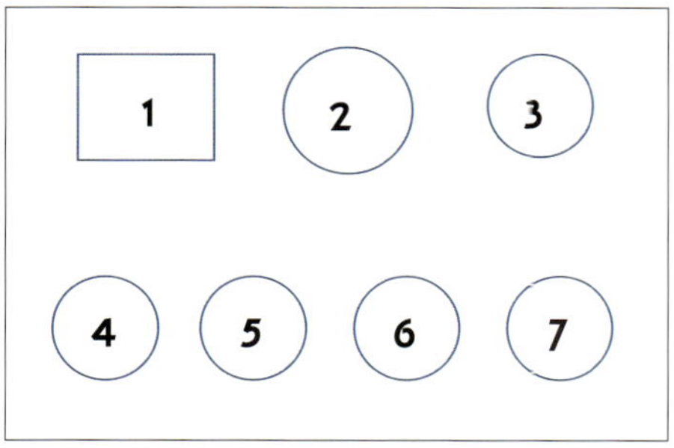

1. 장어튀김
2. 장어구이
3. 장어오이무침
4. 덴다시
5. 밥
6. 된장국
7. 오싱코

5

농어회정식

1. 생선튀김
2. 농어회
3. 고바치
4. 계란찜
5. 산마즙
6. 장어구이
7. 밥
8. 샐러드
9. 맑은국물

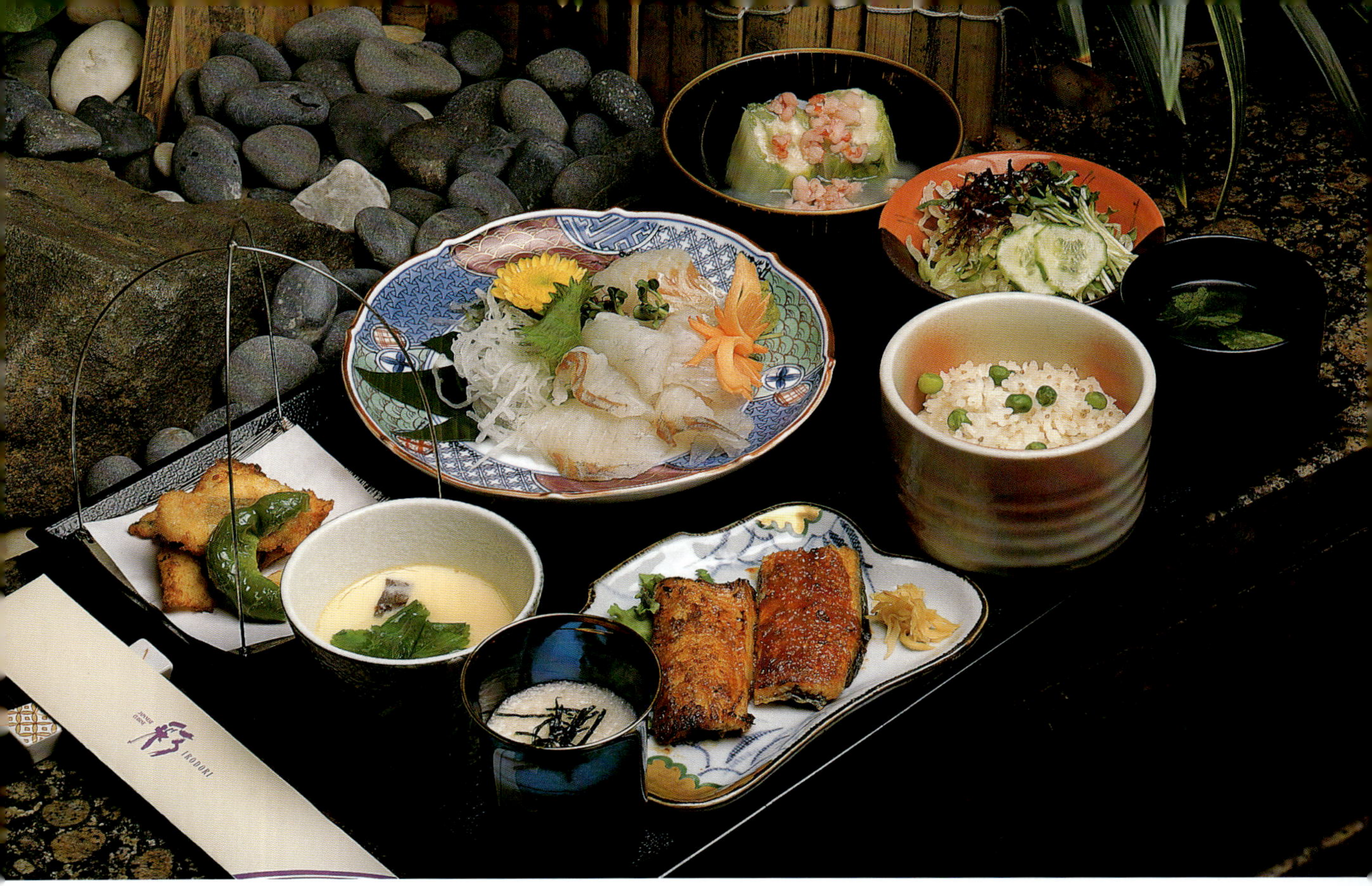

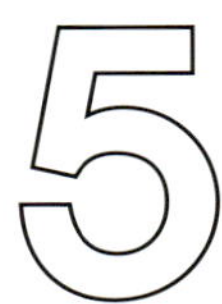

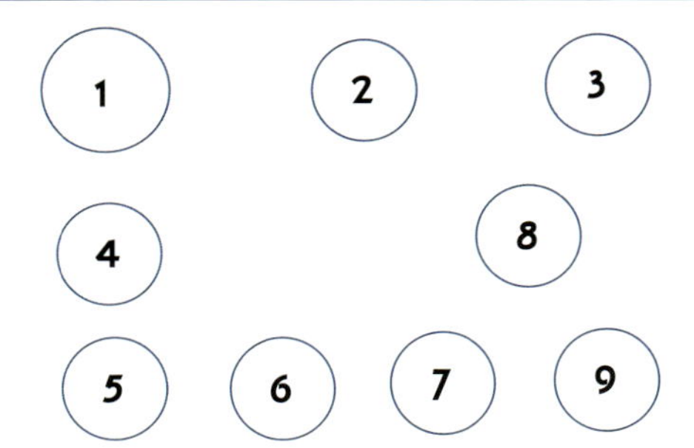

회석요리

6

1. 덴다시
2. 튀김
3. 전복조림
4. 생선회
5. 밥
6. 된장국
7. 초회
8. 옥도미 구이
9. 간장
10. 오싱코
11. 과일

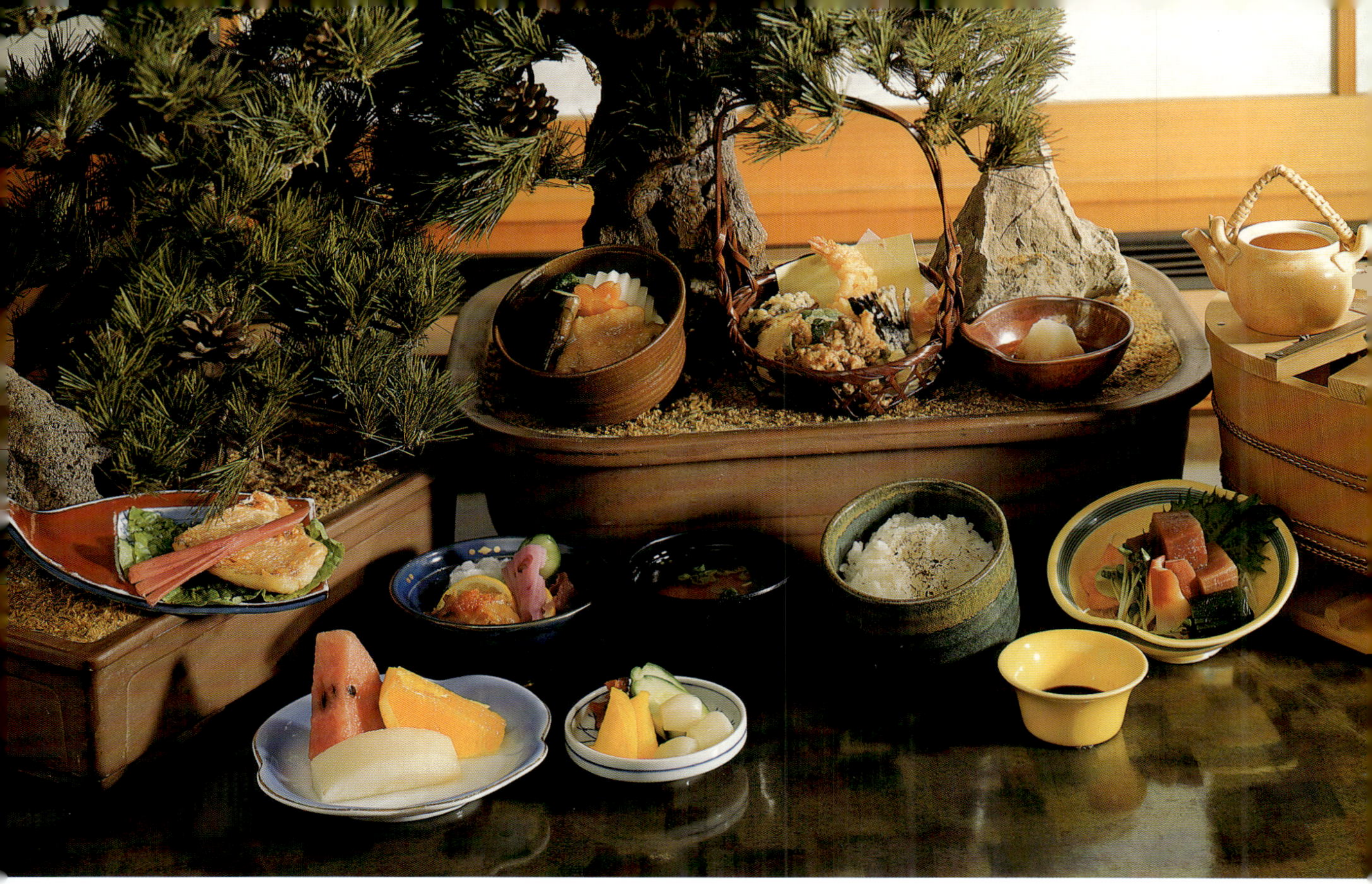

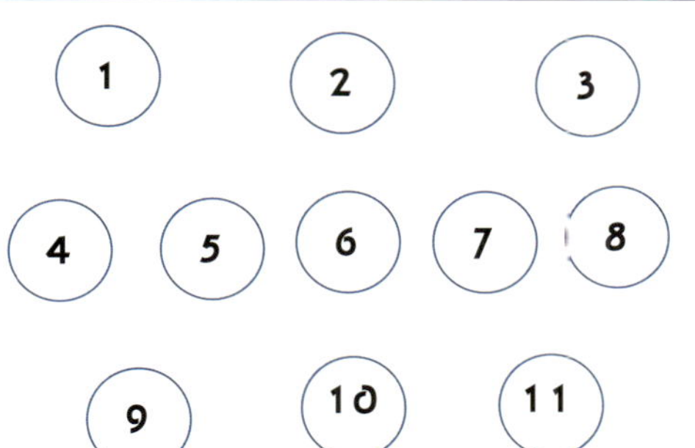

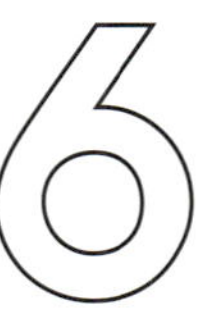

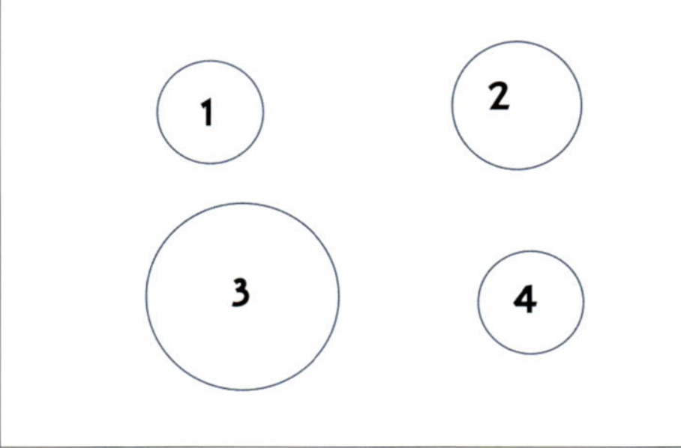

7

1. 김치
2. 단무지
3. 해물우동
4. 와사비 간장

해물우동정식

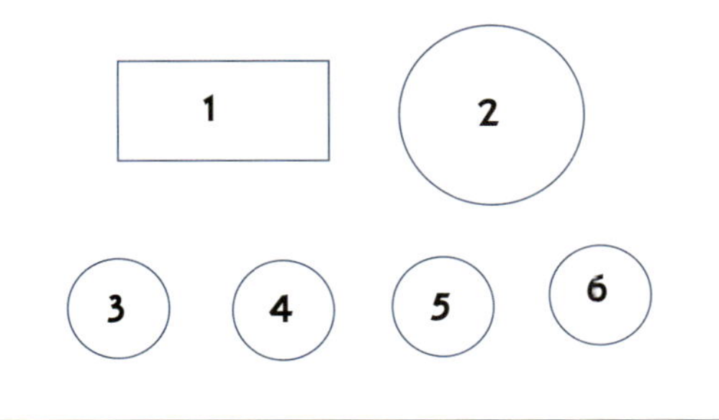

초밥정식

8

1. 생선초밥
2. 가케우동
3. 고바치
4. 간장
5. 오싱코
6. 과일

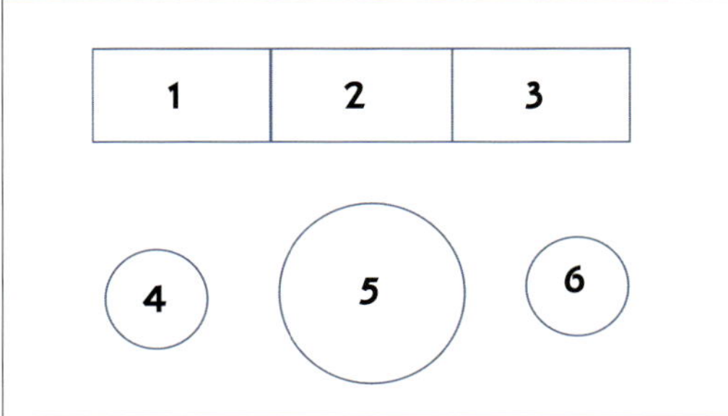

9

닭고기 우동정식

1. 바닷가재 튀김
2. 은대구 간장
   구이
3. 초밥
4. 과일
5. 닭고기 우동
6. 조림요리

1	2	3

4   5   6

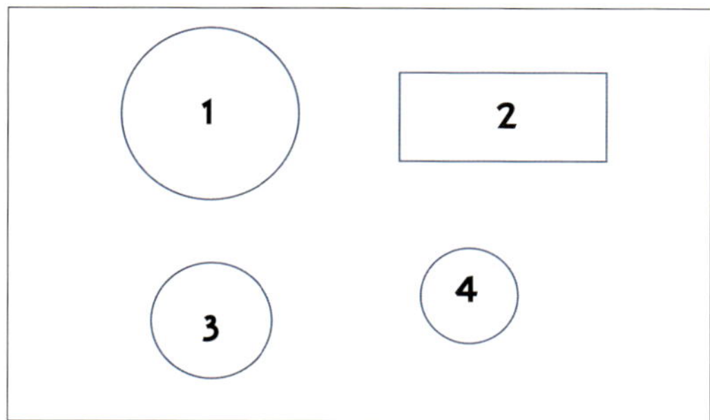

바닷가재정식

10

1. 바닷가재 회
2. 바닷가재 튀김
3. 젠사이
4. 정종

11

봄나물회정식

1. 계란 찜
2. 초 고추장
3. 야채튀김
4. 일본김치
5. 봄나물 덮밥
6. 튀김소스
7. 생선회
8. 참기름

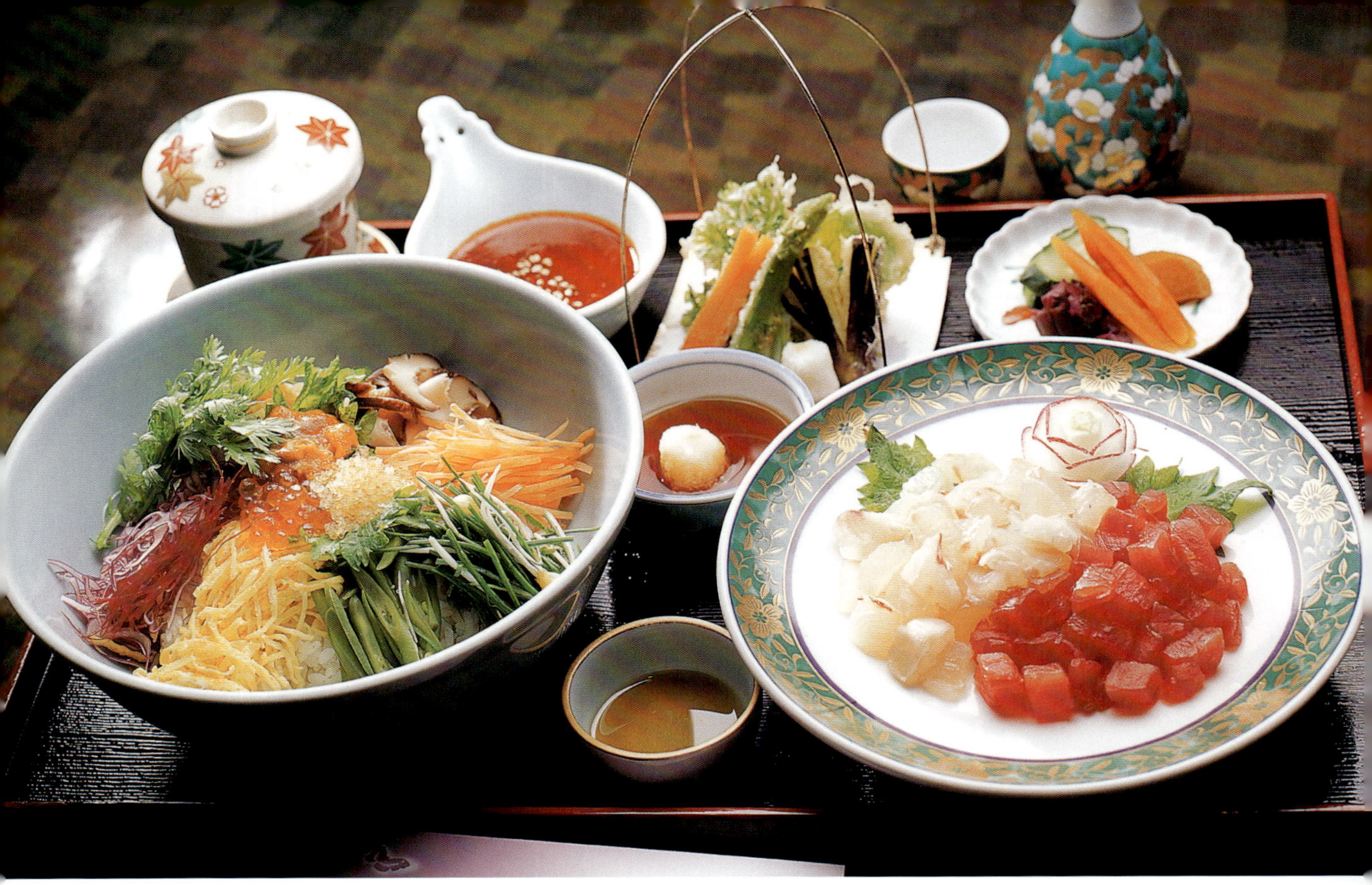

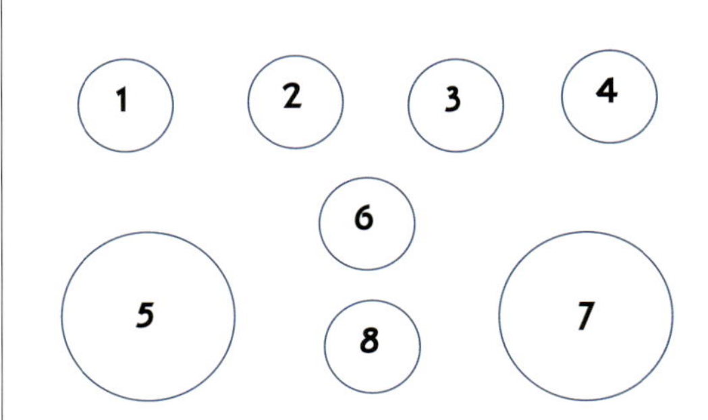

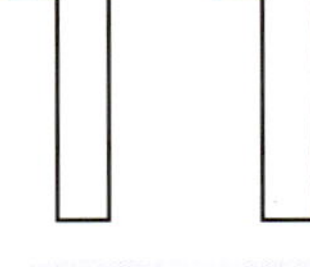

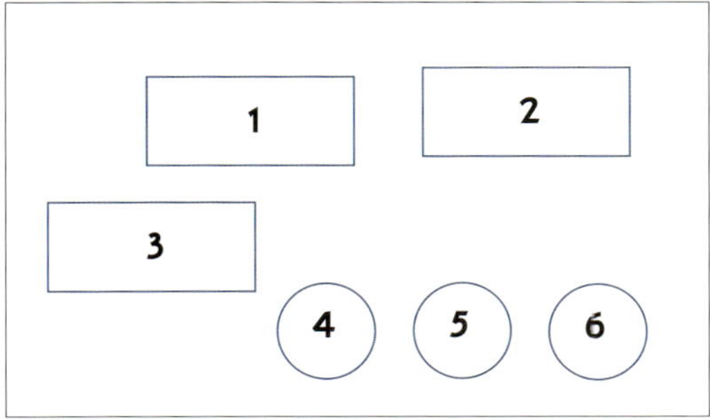

송이버섯정식

12

1. 송이소금 구이
2. 생선회
3. 젠사이
4. 송이밥
5. 송이 전골
6. 도빈무시
   (송이 주전자 찜)

<table>
<tr><td></td><td>1</td><td></td><td>2</td></tr>
<tr><td>3</td><td></td><td>4</td><td>5</td><td>6</td></tr>
</table>

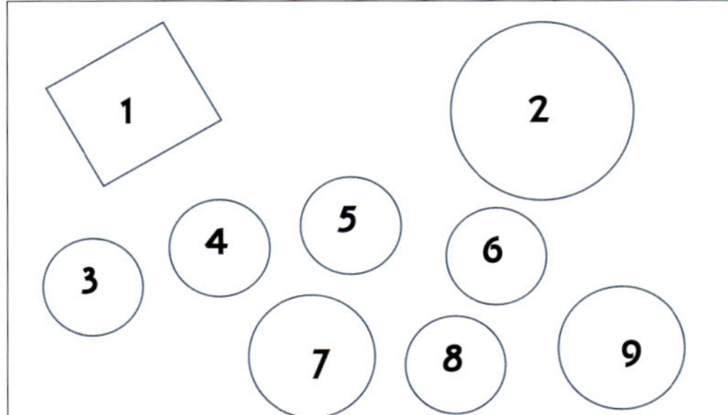

13

해산물정식

1. 사시미
2. 모듬 해산물 찜
3. 간장
4. 오싱코
5. 고바치
6. 폰즈
7. 밥
8. 된장국
9. 과일

생선회정식

14

1. 젠사이
2. 삼치구이
3. 생선회

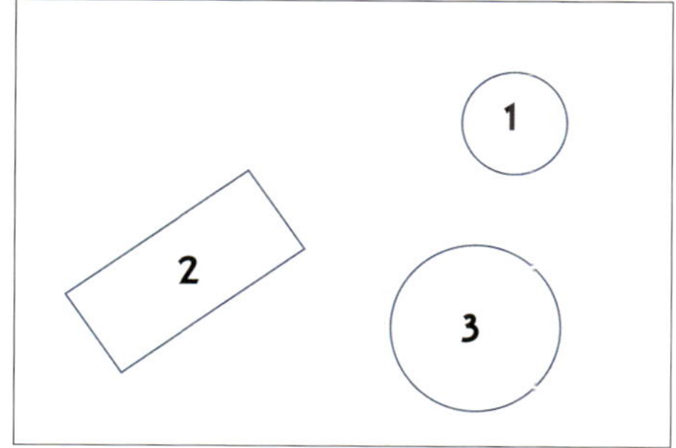

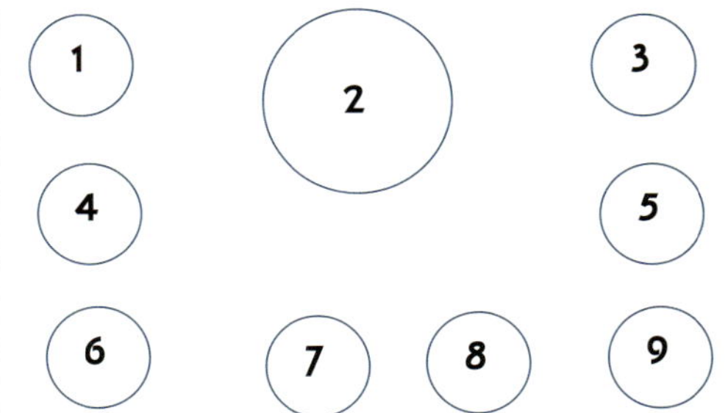

15

전골정식

1. 생선회
2. 스키야키
3. 젠사이
   (에피타이저)
4. 계란찜
5. 참치살야채조림
6. 간장
7. 밥
8. 오싱코
9. 계란

1	2	3
4		5
6	7 8	9

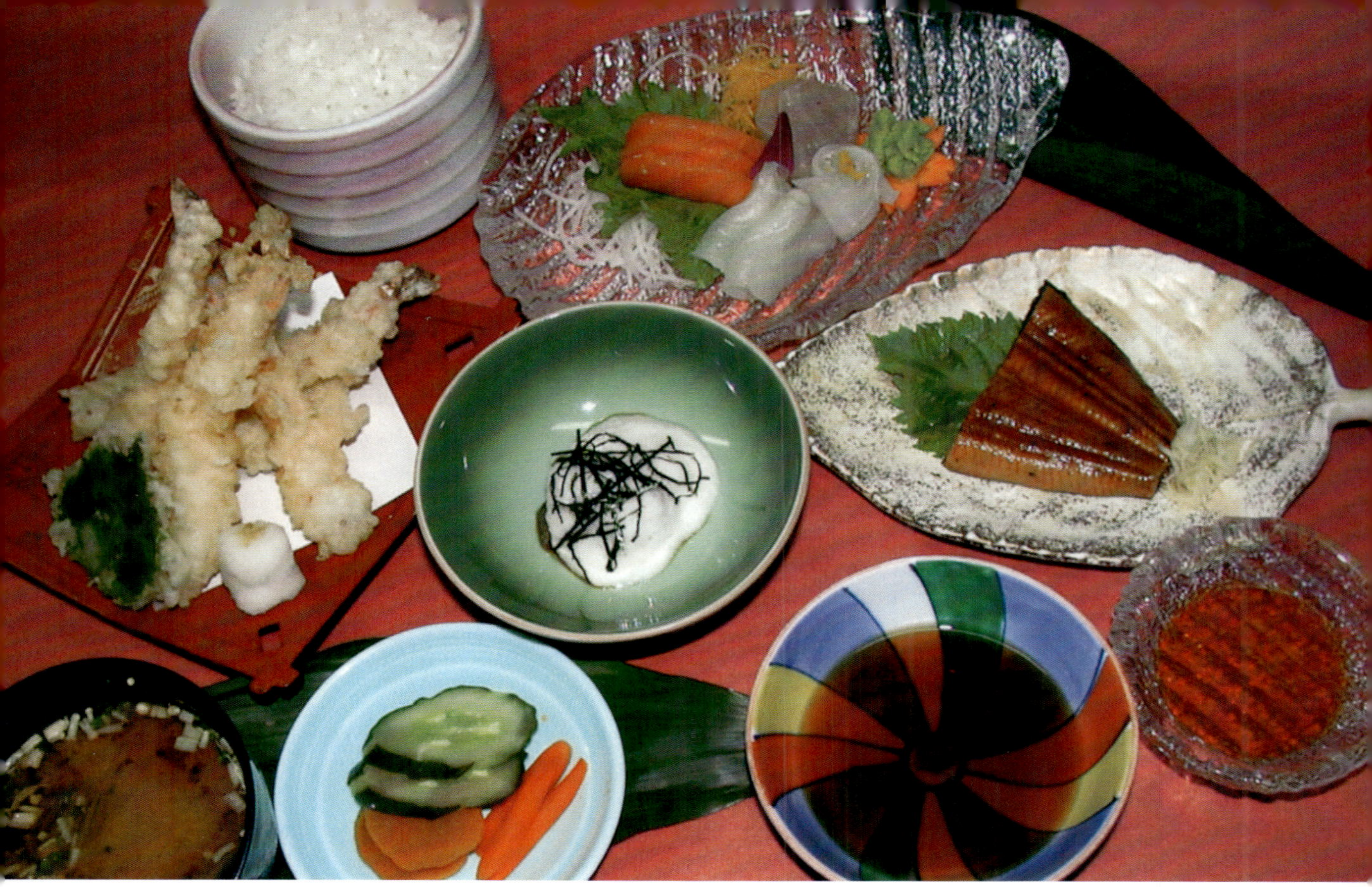

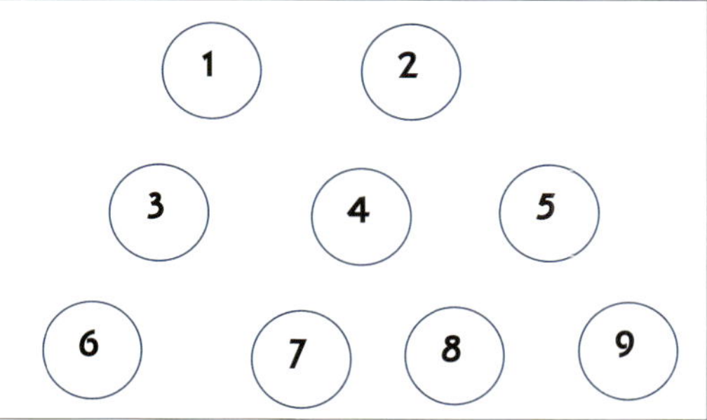

점심 메뉴

16

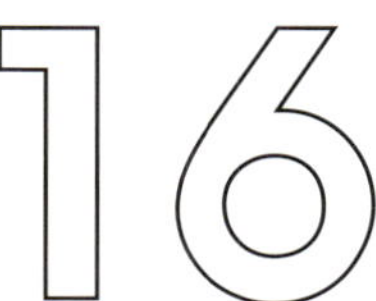

1. 밥
2. 생선회
3. 새우튀김
4. 야마가케
5. 장어구이
6. 된장국
7. 오싱코
8. 덴사시
9. 간장

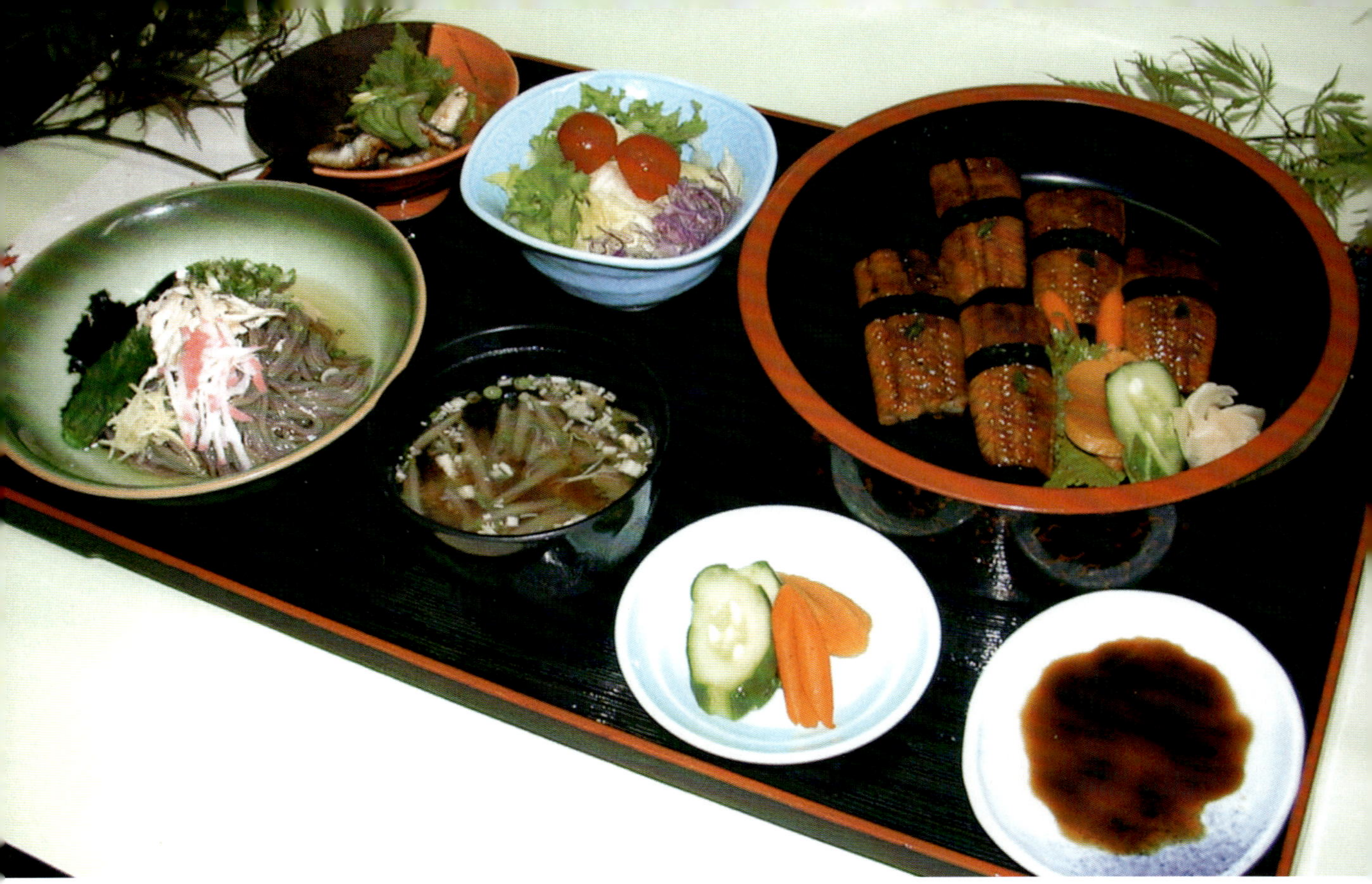

17

민물장어 초밥정식

1. 장어꼬리무침
2. 샐러드
3. 장어초밥
4. 모밀국수
5. 된장국
6. 오싱코
7. 간장

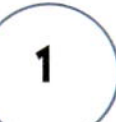

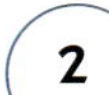

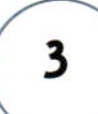

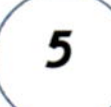

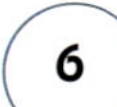

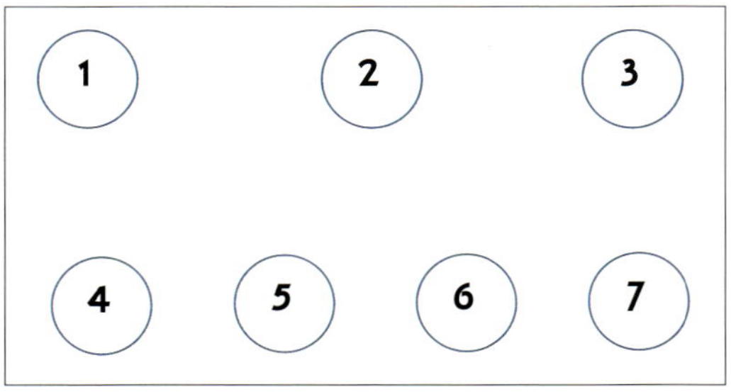

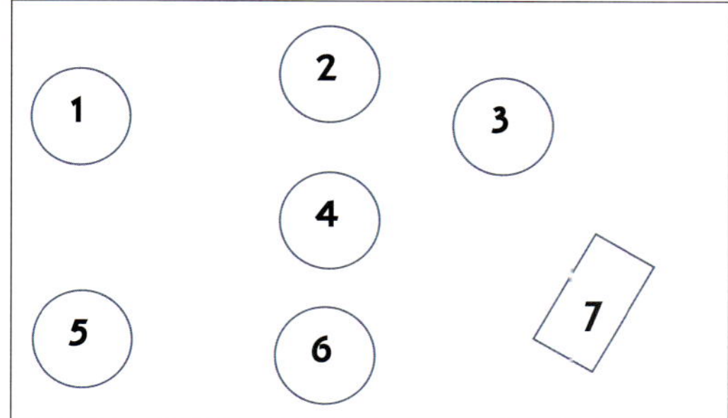

베지테리안 정식

18

1. 야채조림
2. 게살샐러드
3. 두부튀김
4. 산마즙
5. 차소바
6. 간장
7. 오이호소마키

계절샐러드
가자미야채
해산물야채샐러드

日
食

생야채

외출 도시락

모듬과일

훈제연어

18

실기편

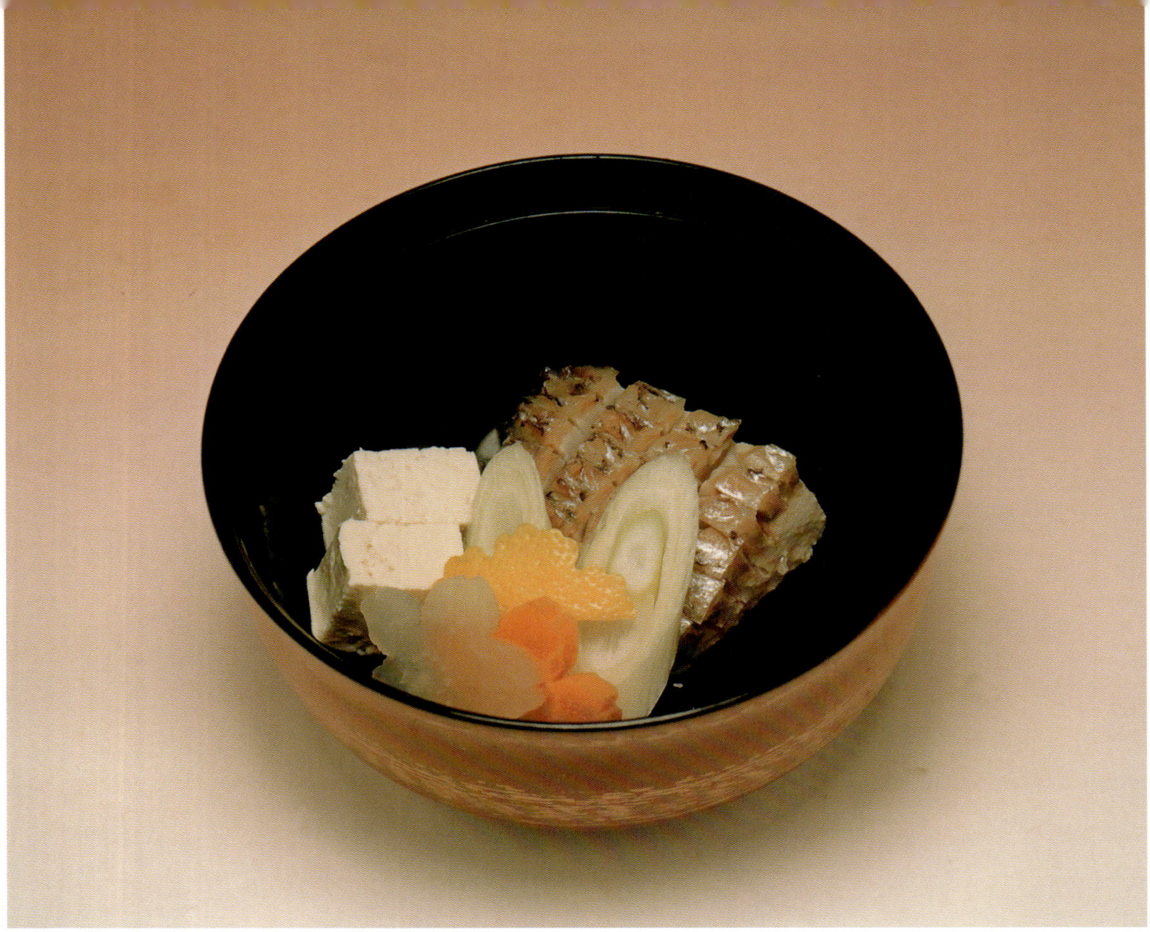

만드는 법

1

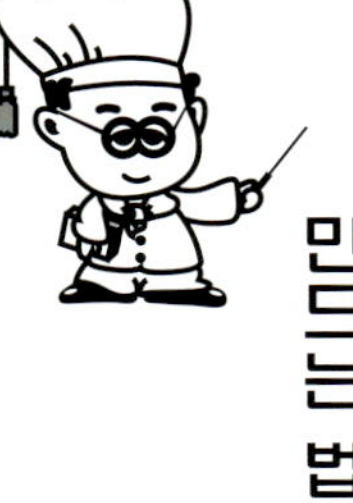

도미 맑은국

1. 도미는 끓는 물에 데쳐 비늘을 제거한다.
2. 다시마 다시를 만든다.
3. 다시마 국물에 준비된 도미를 넣고 열을 가한 후 소금으로 간을 한다.
4. 끓기 시작하면 대파를 슬라이스하여 넣고 간장으로 색을 낸다.
5. 준비된 그릇에 도미머리와 미쓰바, 레몬을 첨가하여 낸다.

요구사항

* **주어진 재료를 사용한 도미 맑은국을 만드시오.**

1) 도미를 60~70g 크기로 자르시오.

2) 소금을 뿌려 놓았다가 20~30분 후에 데쳐 불순물을 제거하시오.

3) 찬물에 도미를 넣어 은근하게 국물을 만들어 간을 하시오.

4) 간을 하여 각각의 곁들인 재료를 넣고 국물을 부어 완성하시오.

제한시간 30 분

재 료	
도미머리	60g
다시마	10cm
대파	20g
미쓰바	5g
레몬	5g

수검자 유의사항

1) 도미에 비늘이나 불순물이 없도록 손질한다.

2) 찬물에 다시마와 도미를 넣어 적당하게 화력을 조절하여야 한다.

3) 곁들인 재료도 적당한 크기로 그릇에 담아 놓아야 한다.

4) 국물에서 비린내가 나지 않도록 한다.

5) 다른 작품과 같은 시간에 완료시켜 뜨겁게 익혀야 한다.

6) 요구작품이 두 가지인 경우 한 가지 작품만 만들었을 때는 미완성으로 채점대상에서 제외된다.

7) 조리작품 만드는 순서가 틀리지 않게 한다.

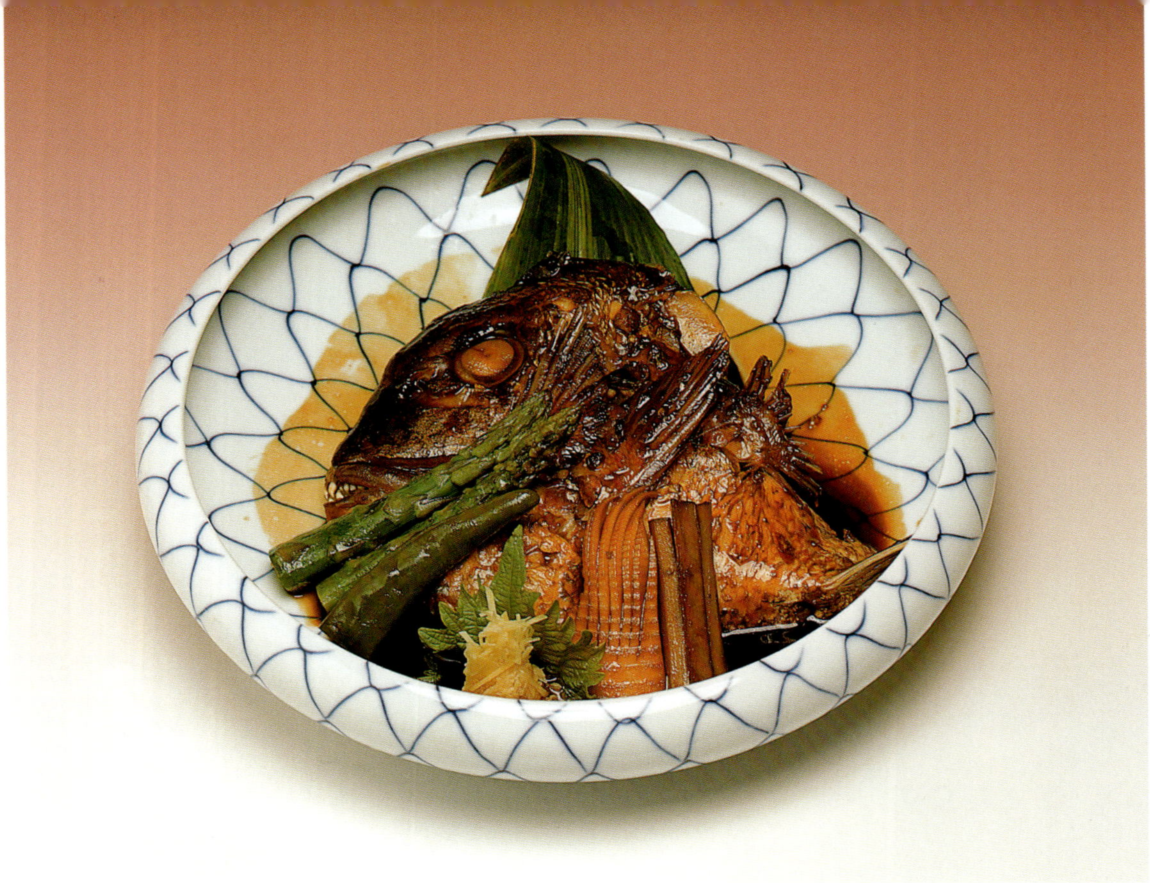

도미조림

1. 도미머리는 데쳐서 비늘을 제거해 놓는다.
2. 생강은 슬라이스하여 채 썬 다음 물에 씻어 놓고 우엉은 껍질을 벗겨 삶아 놓는다.
3. 냄비에 우엉, 죽순, 도미머리를 넣은 다음 정종과 물을 1:1비율로 섞어 뚜껑을 덮고 열을 가한다.
4. 강불에서 5분 경과한 후 설탕과 간장을 넣어 졸인다.
5. 중불에서 5분 정도 졸인 후 다시 약불에서 5분 정도 국물을 끼얹어 주면서 졸인다.
6. 완성되면 그릇에 보기좋게 도미와 죽순, 우엉을 담고 고명으로 썬 생강을 놓아 낸다.

요구사항

＊ 주어진 재료를 사용하여 다음과 같이 도미 조림을 만드시오.

1) 도미를 5~6㎝정도 자르고 잘 손질하여 소금을 뿌린 후 데치시오.

2) 냄비에 넣어 양념하고 조리하시오.

3) 완료 후 접시에 담고 야채를 앞쪽에 담아내시오.

수검자 유의사항

1) 도미살과 머리에서 비린내가 나지 않도록 한다.

2) 곁들인 야채를 준비하여 처음 넣을 것과 나중에 넣을 것을 구분하다.

3) 조릴 때 타거나 눌지않게 해야 한다.

4) 국물이 적당히 남도록 해야 한다.

5) 불을 사용하여 만든 조리작품은 반드시 익어야 한다.

6) 요구작품이 두 가지인 경우 한 가지 작품만 만들었을 때는 미완성으로 채점대상에서 제외된다.

7) 조리작품 만드는 순서는 틀리지 않게 하여야 한다.

제한시간 30 분

재 료	
도 미	300g
우 엉	20g
죽 순	15g
꽈리고추	10g
선생강	5g
정종	150cc
설탕	20g
진간장	40cc
다마리	10cc

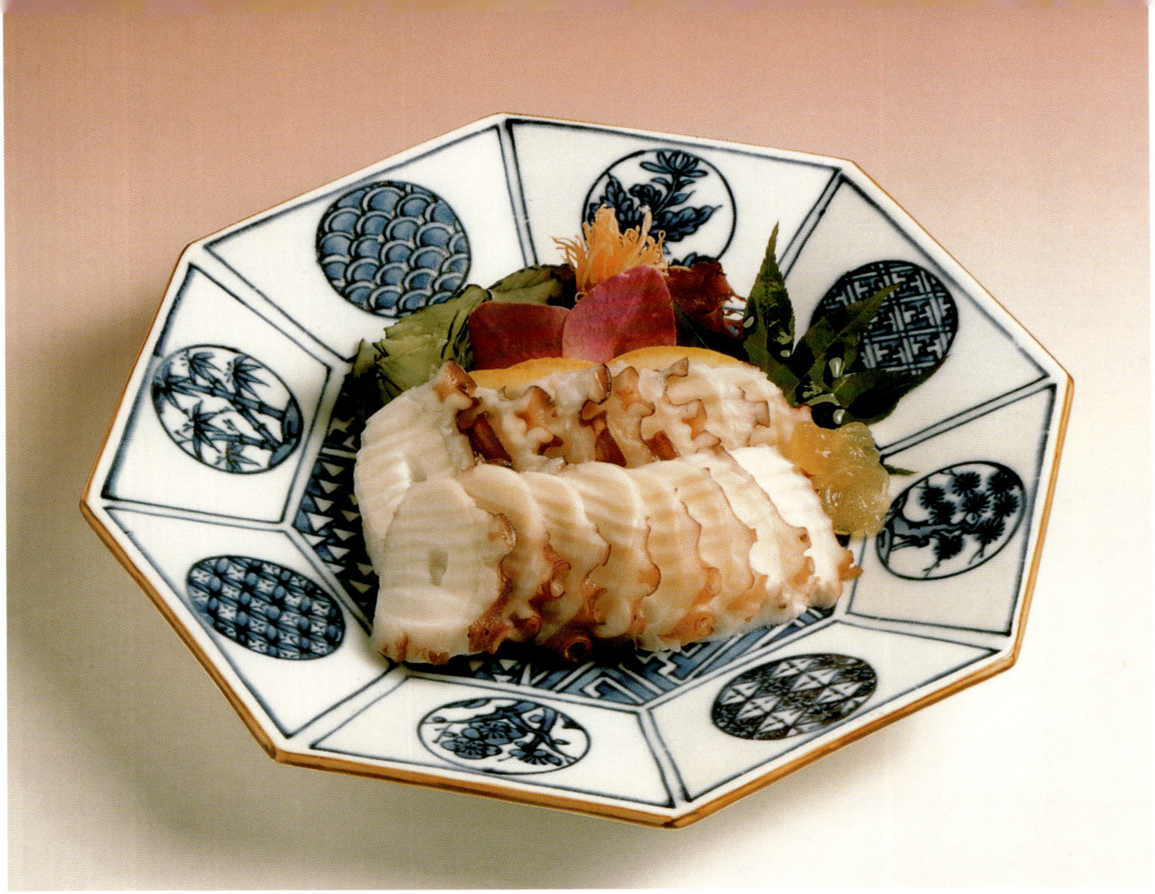

만드는 법

3

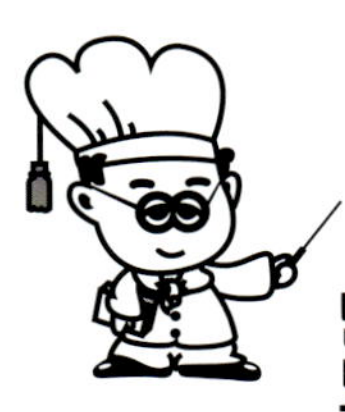

문어초회

1. 문어는 표면에 묻어있는 점액질을 제거하고 소금으로 비벼 깨끗한 물에 씻어 준 다음 삶는다.
2. 오이는 자바라 규리(뱀처럼 써는 작업)를 하여 바닷물 농도의 소금물에 넣어 둔다.
3. 생미역은 끓는 물에 살짝 데쳐서 찬물에 씻은 다음 먹기 편리하게 자른다.
4. 도사스(설탕+식초+가쓰오부시)를 만든다.
5. 용기에 미역과 오이를 담고 문어를 파도 모양처럼 썰어 놓은 후 도사스를 뿌려 낸다.

요구사항

*** 주어진 재료를 사용하여 다음과 같이 문어초회를 만드시오.**

1) 삶은 문어를 엇비슷하게 칼을 뉘어 포를 떠서 사용하시오.

2) 미역은 손질하여 3~4㎝로 써시오.

3) 문어초회 접시에 오이와 문어를 담고 장식하여 삼바이스를 끼얹어 완료하시오.

제한시간 30 분

재 료	
문어	100g
생미역	20g
오이	40g
식초	15cc
설탕	5g
연간장	8cc
가쯔오부시	10g

수검자 유의사항

1) 오이는 껍질을 오돌토돌한 부위만 제거하고 자바라해서 소금에 절여 짜서 사용한다.

2) 삼바이스와 레몬을 준비해야 한다.

3) 접시에 초회를 담고 다른 작품과 같이 완료시킬 때 삼바이스를 끼얹어 완성시켜 내야 한다.

4) 불을 사용하여 만든 조리작품은 반드시 익어야 한다.

5) 요구작품이 두 가지인 경우 한 가지 작품만 만들었을 때에는 미완성으로 채점대상에서 제외된다.

6) 조리작품 만드는 순서는 틀리지 않게 하여야 한다.

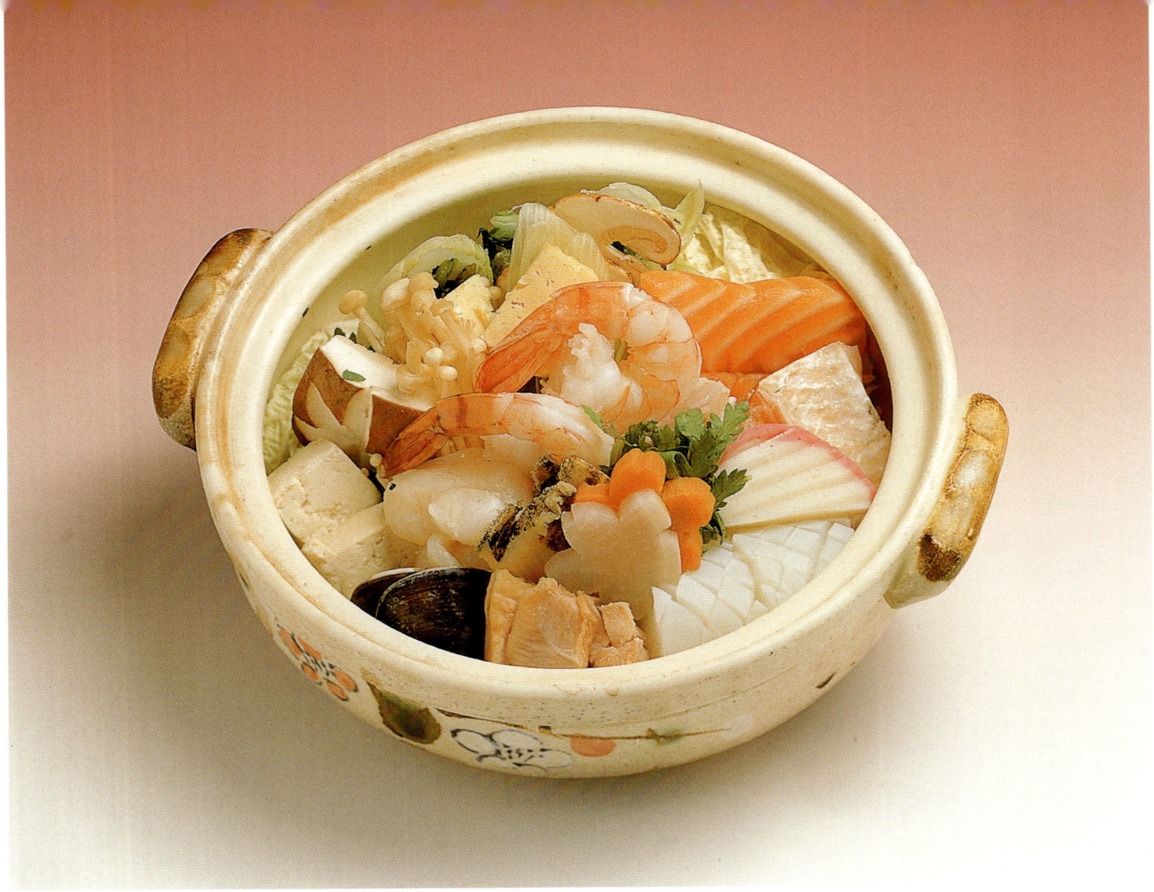

만드는 법

4

모듬 냄비

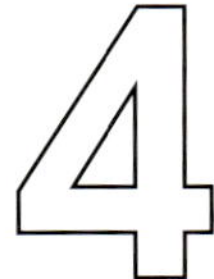

1. 우동은 끓는 물에 삶아 얼음물에 담근다.
2. 중합은 금속성의 소리가 나는 것을 선별하고 야채는 기초 손질하여 놓는다.
3. 닭고기는 먹기 좋게 썰고 옥도미는 살짝 구워 사용한다.
4. 배추와 시금치는 데친 다음 물기를 꼭 짜서 김발로 말아 적당한 크기로 썬다.
5. 냄비에 야채, 닭고기, 생선류 등의 재료를 넣고 준비된 다시를 부은 다음 뭉근히 끓여서 완성한다.

요구사항

＊ 주어진 재료를 사용하여 다음과 같이 모듬냄비를 만드시오.

1) 재료는 규격에 알맞도록 썰고 삶거나 데쳐 내시오.
2) 다시마와 가쓰오부시로 다시물을 만들어 낸 후 국물을 만든다.
3) 1)~2)의 재료를 끓여내시오.

수검자 유의사항

1) 각 재료는 삶거나 데치고 먼저 넣어 끓일 것과 나중에 마무리할 것을 구분해 둔다.
2) 국물을 따로 간해서 두고, 다른 준비가 다 되었을 때 끓인다.
3) 다른 작품이 없이 한 가지이므로 준비하는 과정을 순서에 의해 깨끗이 잘 하도록 하여야 한다.
4) 불을 사용하여 만든 조리작품은 반드시 익어야 한다.
5) 요구작품이 두 가지인 경우 한 가지 작품만 만들었을 때에는 미완성으로 채점대상에서 제외된다.
6) 조리작품 만드는 순서는 틀리지 않게 하여야 한다.

제한시간 30 분

재 료	
도미살	25g
닭고기	10g
대합	1개
옥도미	25g
새우	1마리
은행	2알
어묵	10g
배추	40g
파	15g
표고버섯	10g
두부	30g
우동	100g

모듬 튀김

1. 새우는 머리를 분리하여 껍질을 꼬리 쪽에서 한 매듭이 남게 벗긴 후 꼬챙이 등으로 내장을 제거하고 배 안쪽으로 칼집을 내어 준다.
2. 고구마는 껍질을 벗겨 찬물에 담갔다가 사용하고 양파는 흐트러지는 것을 방지하기 위하여 대나무 꼬챙이를 꽂아 사용한다.
3. 가지는 사이사이에 칼집을 내어 주고, 식용유는 175℃를 유지한다.
4. 물 1.8ℓ 에 계란 노른자 1개를 넣고 밀가루와 혼합하여 튀김옷을 만든다.
5. 준비된 재료는 초벌 밀가루를 묻힌 다음 튀김옷을 입혀 튀긴다.
6. 무를 갈아서 찬물에 씻고, 생강을 강판에 갈아 준비한다.
7. 튀김이 완성되면 그릇에 튀김 종이를 깔고 튀겨진 재료와 무, 생강 등을 놓아 낸다.

요구사항

* 주어진 재료를 사용하여 다음과 같이 모듬튀김을 만드시오.

1) 차새우, 갑오징어, 학꽁치, 모래무지 등을 튀길 수 있도록 손질하시오.

2) 각 야채를 튀길 수 있는 적당한 크기로 써시오.

3) 튀김 소스와 양념(야꾸미)을 준비하시오.

4) 적당한 온도에 튀겨서 담아 내고 소스를 곁들여 내시오.

수검자 유의사항

1) 새우는 튀길 때 꼬리가 구부러지지 않도록 손질해야 한다.

2) 각 생선류를 밑손질하여 물기를 없앤다.

3) 야채류를 손질하여 물기를 없애서 잘 자른다.

4) 기름이 타지 않도록 하고 175℃를 유지하도록 한다.

5) 튀길 때는 다른 작품과 같이 완성되도록 한다.

6) 불을 사용하여 만든 조리작품은 반드시 익어야 한다.

7) 요구작품이 두 가지인 경우 한 가지 작품만 만들었을 때에는 미완성으로 채점대상에서 제외된다.

8) 조리작품 만드는 순서는 틀리지 않게 하여야 한다.

제한시간 30 분

재 료	
새우	1마리
단호박	10g
도미살	10g
양파·가지	10g씩
피망	5g
연근	10g
고구마	10g
식용유	600cc
밀가루	150g
계란노른자	1개
진간장·미림	5cc
가쯔오부시	5g
다시마·생강	2g씩
무	10g
레몬	3g

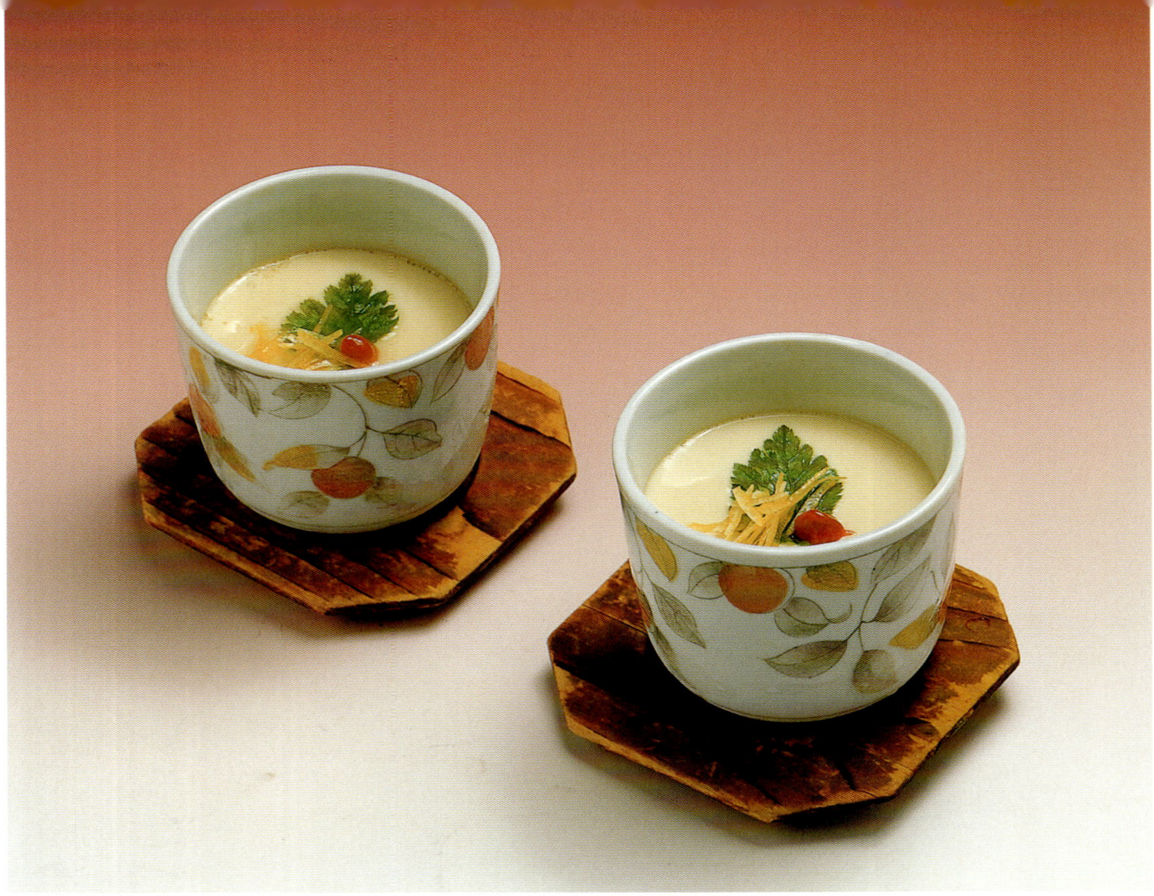

계란찜

1. 기본 다시와 계란의 비율을 3:1로 하여 소금, 간장, 미림으로 간을 한 다음 잘 섞어 소청으로 걸러 놓는다.
2. 시바 새우는 내장을 제거하고 살짝 데친다.
3. 표고버섯은 한 번 데치고 은행은 껍질을 벗겨둔다.
4. 닭고기는 살쪽을 먹기 좋게 썬 다음 데친다.
5. 용기에 새우, 닭고기 기타 재료를 넣고 준비된 계란물을 붓는다.
6. 물이 끓어 오르면 찜통에 넣고 중불에서 약 15분정도 찐다.
7. 완성된 계란찜은 미쓰바와 유자껍질을 고명으로 낸다.

🔴 요구사항

*** 주어진 재료를 사용하여 다음과 같이 계란찜을 만드시오.**

1) 찜 속재료는 각각 따로 썰어 간을 하시오.

2) 나중에 넣을 것과 처음에 넣을 것을 구분하시오.

3) 다시마로 다시물을 만들어 식혀서 계란과 섞으시오.

🏹 수검자 유의사항

1) 각 재료는 알맞은 크기로 자르거나 손질하여 밑간한다.

2) 다시마로 다시물을 뽑아 적당한 계란물을 만들어야 한다.

3) 찔때 화력조절을 잘하고 평면이 부풀어 오르지 않도록 한다.

4) 다른 작품과 같이 완료되어 뜨거워야 한다.

5) 불을 사용하여 만든 조리작품은 반드시 익어야 한다.

6) 요구작품이 두 가지인 경우 한 가지 작품만 만들었을 때에는
   미완성으로 채점대상에서 제외된다.

7) 조리작품 만드는 순서는 틀리지 않게 하여야 한다.

제한시간 30 분

재 료	
계란	1개
새우	1마리
생표고버섯	5g
밤	5g
은행	2알
닭고기	10g
미쯔바	3g
유자	1g

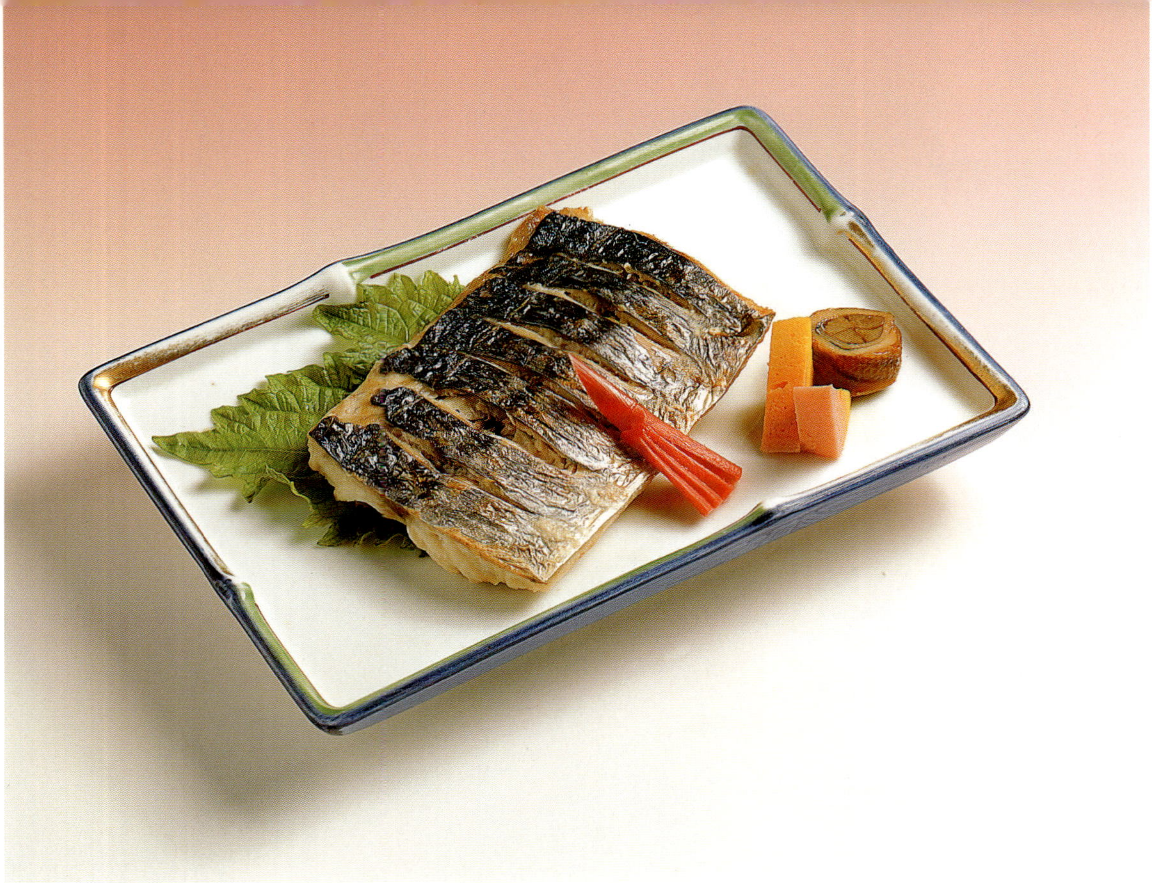

만드는 법

7

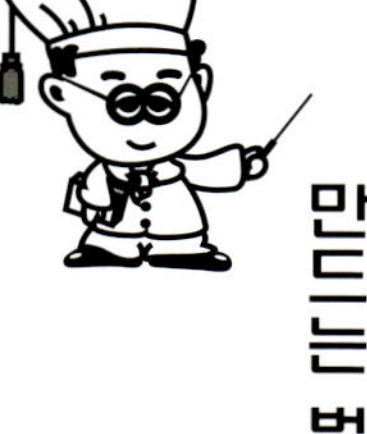

삼치 소금구이

1. 삼치는 포를 떠서 150g의 용량으로 맞춘 다음 표면에 칼집을 넣어 소금을 뿌려 둔다.
2. 무는 1.5㎝두께로 썰어 아주 촘촘히 가로 세로로 칼집을 내어 다시마를 첨가한 바닷물 농도의 소금물에 넣어 둔다.
3. 식초, 설탕, 물을 섞어 아마스를 만든 다음 무를 넣는다.
4. 삼치는 색깔이 잘 나게 굽는다.
5. 그릇에 삼치와 아차라스케(무를 아마스에 절인상태)를 곁들임으로 하고 레몬을 첨가한다.

요구사항

*** 주어진 재료를 사용하여 다음과 같이 삼치구이를 만드시오.**

1) 삼치 손질 후 소금을 뿌려 20~30분 후 씻은 후 다시 윗소금을 뿌려 꼬챙이에 끼워 구이하시오.
2) 곁들임 야채는 초담금을 하시오.
3) 구이그릇에 곁들임과 삼치구이를 담고 레몬을 곁들여 완료하시오.

제한시간 30 분

재 료	
삼치	130g
무	30g
식초	10cc
설탕	10g
소금	10g
레몬	5g

수검자 유의사항

1) 소금은 짜지 않도록 뿌린다.
2) 곁들임은 각각 간이 알맞도록 만든다.
3) 겉표면이 타지 않도록 화력조절을 잘한다.
4) 다른 작품과 같은 시간에 완료되도록 한다.
5) 불을 사용하여 만든 조리작품은 반드시 익어야 한다.
6) 요구작품이 두 가지인 경우 한 가지 작품만 만들었을 때에는 미완성으로 채점대상에서 제외된다.
7) 조리작품 만드는 순서는 틀리지 않게 하여야 한다.

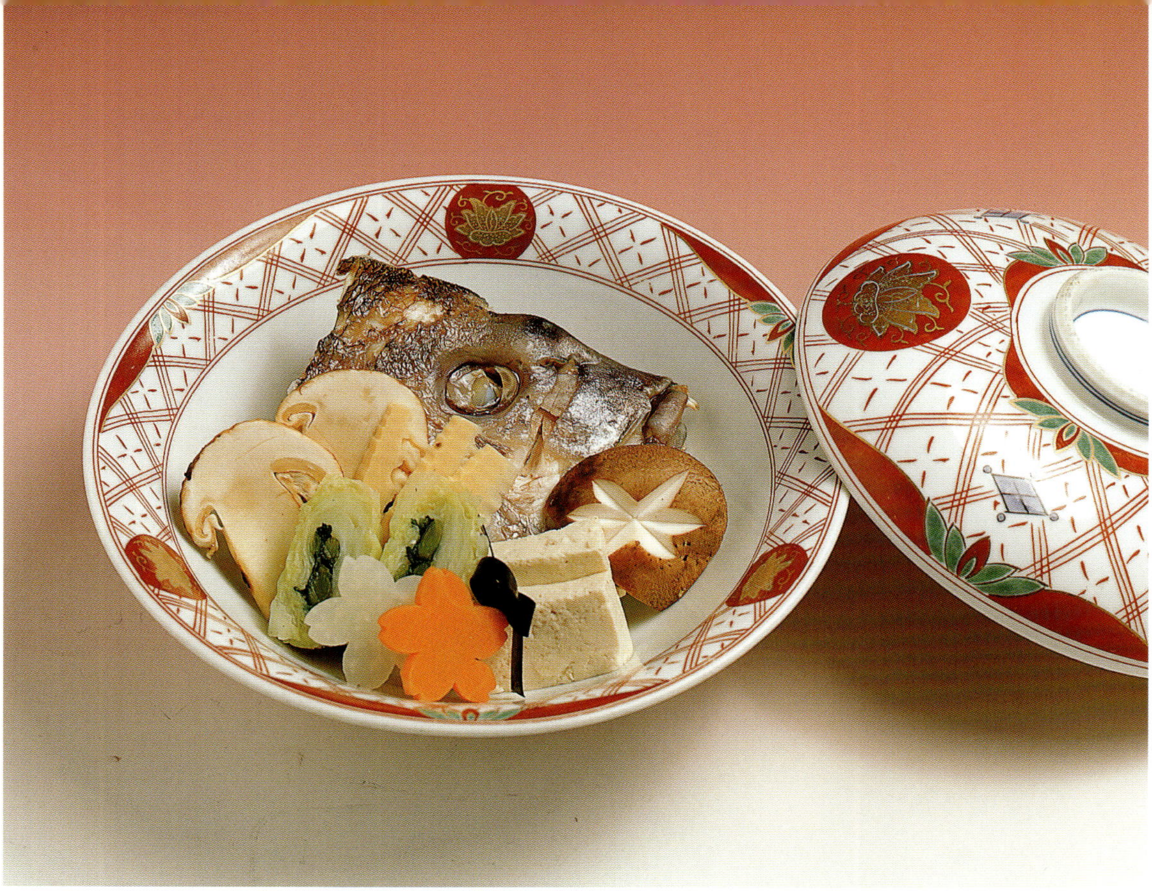

만드는 법

8

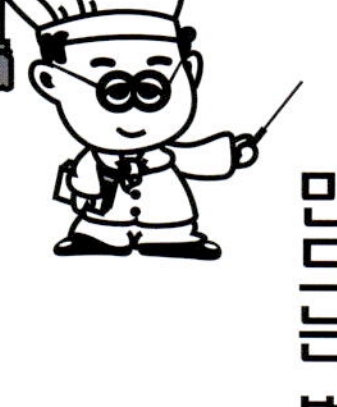

옥도미 술찜

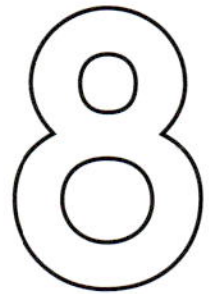

1. 옥도미는 비늘을 제거하고 기초 손질한 다음 소금을 뿌려 놓는다.
2. 홈이 있는 그릇에 건다시마를 깔고 옥도미와 술을 첨가하여 찜통에서 10분 정도 찐다.
3. 80%정도 익었을 때 두부, 대파, 느타리, 배추 등을 넣고 완전히 익힌다.
4. 마지막으로 간을 하여 고명으로 쑥갓을 얹어 낸다.
5. 취식시에는 폰즈(간장, 식초, 가쓰오 다시 1:1:1)를 찍어 먹는다.

요구사항

＊ 주어진 재료를 사용하여 다음과 같이 옥도미 술찜을 만드시오.

1) 옥도미를 밑손질해 가는 뼈를 제거하고 소금을 뿌린다.
2) 곁들일 야채를 준비한다.
3) 다시물을 만들어 놓으시오.
4) 찜을 쪄서 내시오.

수검자 유의사항

1) 옥도미에는 가시가 없도록 한다.
2) 곁들일 야채를 삶거나 데쳐서 적당한 크기로 자르시오.
3) 다시물을 만들고 술의 알코올을 제거하여야 된다.
4) 양념초간장과 양념을 만들어 곁들일 수 있어야 한다.
5) 불을 사용하여 만든 조리작품은 반드시 익어야 한다.
6) 두 가지인 경우 한 가지 작품만 만들었을 때에는 미완성으로 채점대상에서 제외된다.
7) 조리작품 만드는 순서는 틀리지 않게 하여야 한다

제한시간 30 분

재 료	
옥도미	300g
대파	20g
표고	10g
다시마	5cm
당근	10g
느타리	5g
두부	15g
식초	10cc
진간장	5cc
무	10g
실파	5g
배추	25g
죽갓	5g
정종	10cc

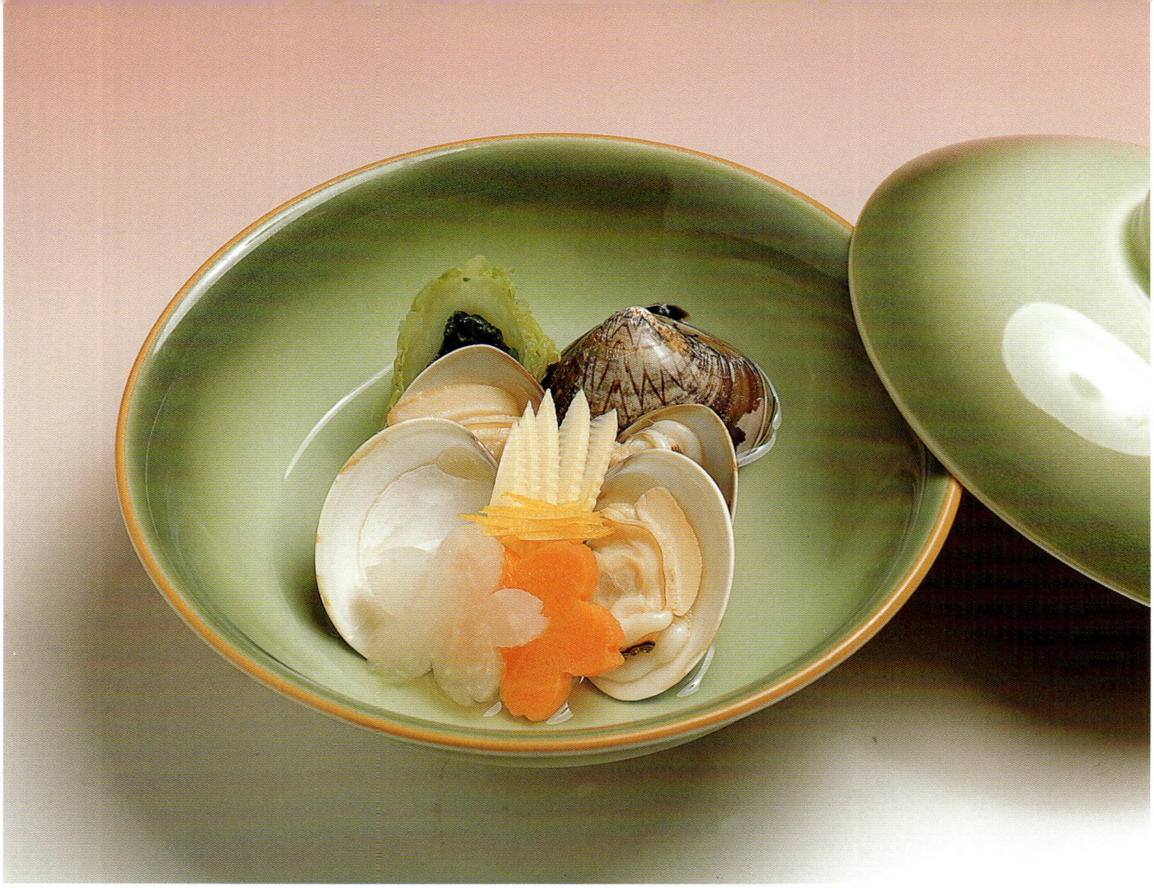

대합술찜

1. 금속성의 소리가 나는 대합을 준비한다.

2. 홈이 있는 기물에 건다시마를 깔고 대합과 정종을 붓는다.

3. 찜통에서 10분 정도 찐다음 국물을 소청에 걸러 간을 한다.

4. 낼 때는 쑥갓을 고명으로 첨가한다.

요구사항

*** 주어진 재료를 사용하여 다음과 같이 대합술찜을 만드시오.**

1) 대합의 밑쪽 눈을 따지 않는다.
2) 다시마 국물을 만들어 놓으시오.
3) 술을 넣어 끓이면서 찜처럼 만드시오.

제한시간 30 분

재 료	
대합	2마리
쑥갓	15g
레몬	5g
다시마	5cm
청종	45cc

수검자 유의사항

1) 대합의 눈을 따지 않고 그릇에 담는다.
2) 다시물과 술을 반반 섞은 물로 찜처럼 끓인다.
3) 대합을 큰 칼로 입을 벌려 다시 뚜껑을 덮고 쑥갓 데친 것과 레몬을 곁들여서 다른 작품과 같이 완료시킨다.
4) 불을 사용하여 만든 조리작품은 반드시 익어야 한다.
5) 요구작품이 두 가지인 경우 한 가지 작품만 만들었을 때에는 미완성으로 채점대상에서 제외된다.
6) 조리작품 만드는 순서는 틀리지 않게 하여야 한다.

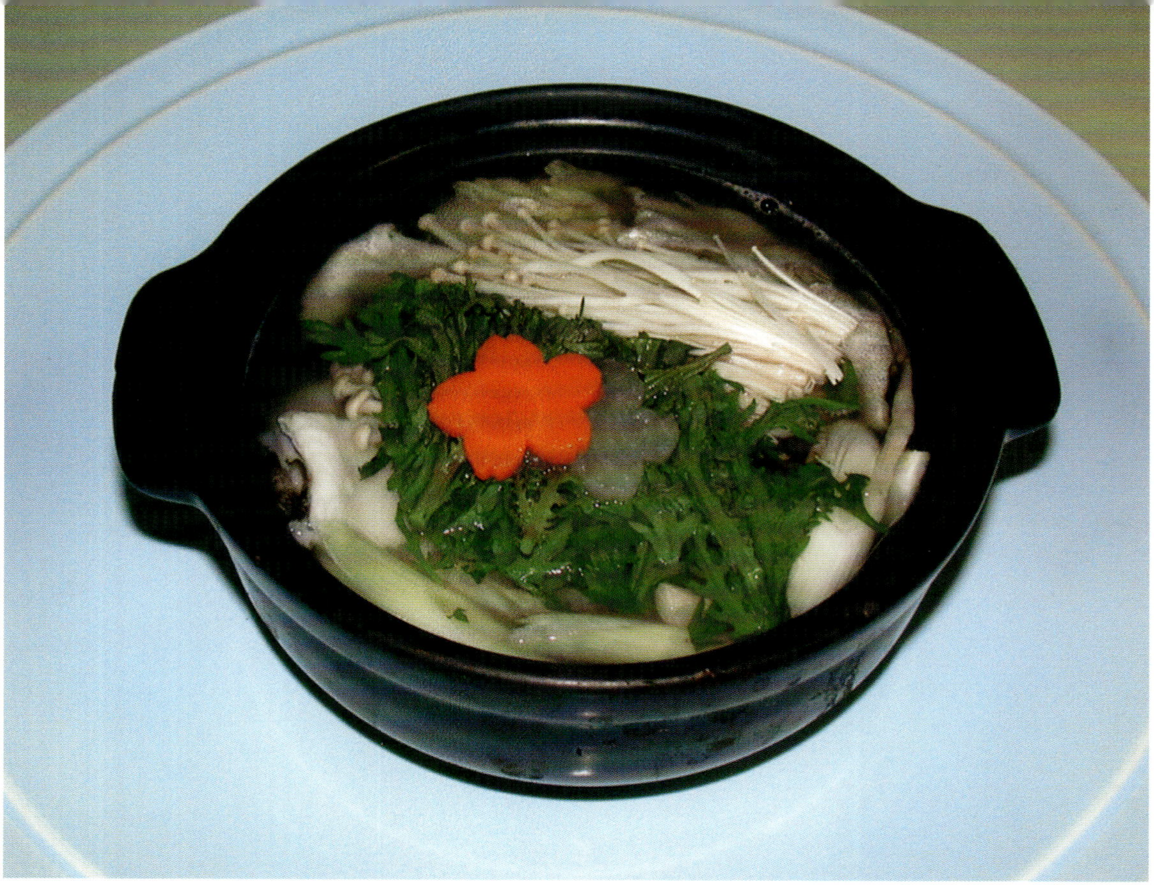

도미냄비

10

1. 다시마 다시를 끓여 놓는다.

2. 도미는 비늘을 제거하고 기초 손질을 하여 둔다.

3. 배추는 끓는 물에 밑부분부터 데친다.

4. 대파는 3~4㎝로 엇비슷하게 자르고 두부는 각으로 썬다.

5. 준비된 다시 야채와 손질된 도미와 소금을 넣고 끓인 후 정종을 몇 방울 첨가한다.

6. 완성되면 고명으로 쑥갓과 팽이버섯, 무, 당근꽃으로 장식한다.

7. 소스로는 폰즈와 함께 취식한다.

요구사항

* 주어진 재료를 사용하여 다음과 같이 도미냄비를 만드시오.

1) 도미를 토막내어 4~5쪽으로 자르시오.
2) 소금을 뿌려 놓고 다른 야채류를 준비하시오.
3) 소스와 양념을 만드시오.

수검자 유의사항

1) 도미는 토막내어 소금을 뿌렸다가 끓는 물에 데쳐 비늘과 피, 불순물을 제거한다.
2) 무, 당근, 배추는 삶고 다른 야채도 밑손질한다.
3) 양념과 초간장을 만들어야 한다.
4) 불을 사용하여 만든 조리작품은 반드시 익어야 한다.
5) 요구작품이 두 가지인 경우 한 가지 작품만 만들었을 때에는 미완성으로 채점대상에서 제외된다.

제한시간 30 분

재 료	
도미	300g
배추	40g
대파	20g
느타리	10g
종합	1마리
무	25g
두부	30g
죽갓	5g
표고	10g
팽이	10g
당근	10g

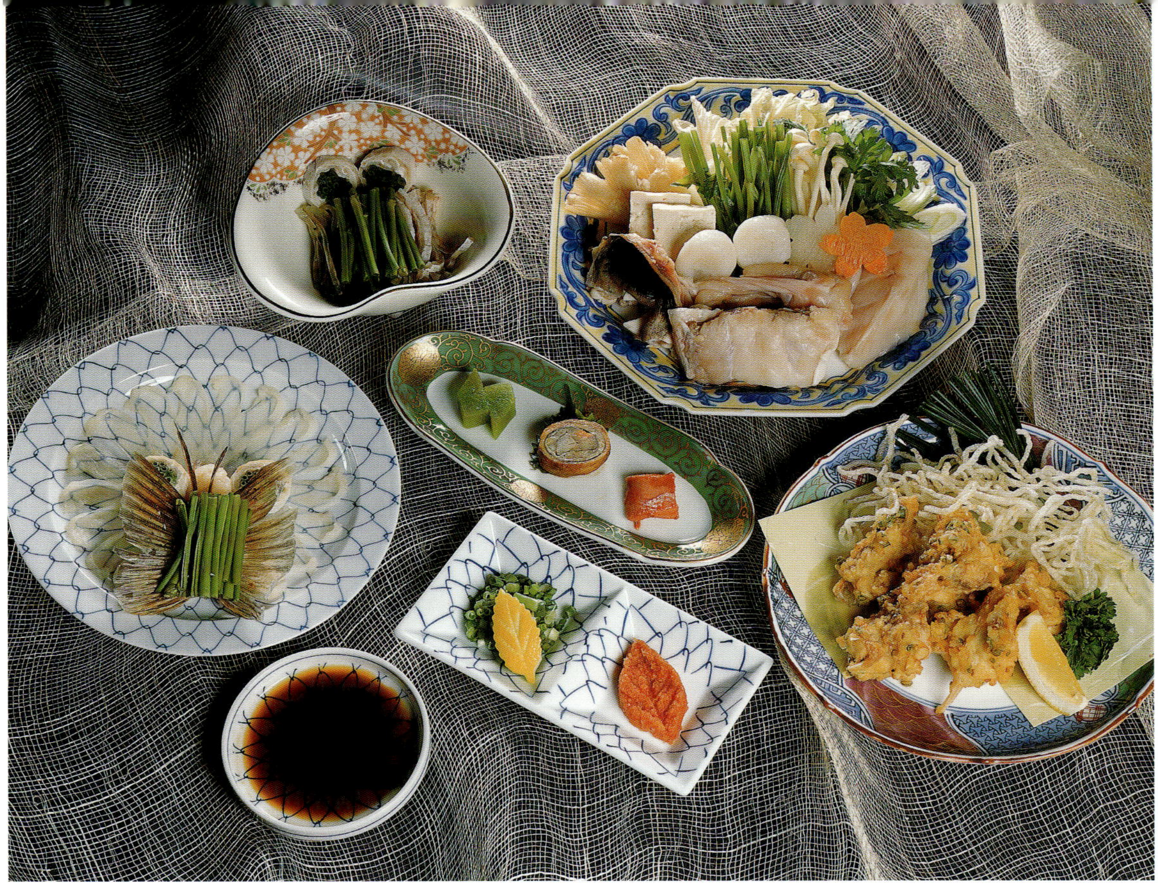

만드는 법

11

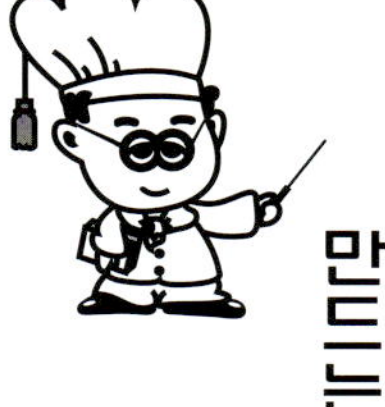

복어냄비, 복어회

요구사항

* 주어진 재료를 사용하여 다음과 같이 복어회, 지리, 폰즈, 야쿠미를 만드시오.

1) 무, 당근은 은행잎, 매화꽃을 만들어 넣으시오.
2) 뼈는 5cm로 토막 내시오.
3) 복어회는 얇게 포 뜨시오.

수검자 유의사항

1) 독성분 제거에 유의한다.
2) 복어지리, 야채 색깔에 유의한다.
3) 불을 사용하여 만든 조리작품은 반드시 익어야 한다.
4) 요구작품이 두 가지인 경우 한 가지 작품만 만들었을 때에는 미완성으로 채점대상에서 제외된다.
5) 조리작품 만드는 순서는 틀리지 않게 하여야 한다.

■ 복 손질

1. 겉 표면의 점액질을 제거하고, 지느러미를 자른다.
2. 주둥이를 자른 다음 몸통 양면에 칼을 넣어 껍질을 벗긴다.
3. 내장을 제거하고, 머리와 몸통을 분리한다.
4. 몸통의 살을 삼마이 오로시(3장뜨기)하여 흐르는 물에 담근다.
5. 머리를 2등분하여 피를 깨끗이 긁어낸 다음 흐르는 물에 담근다.
6. 껍질의 속껍질을 벗겨내어 가시를 칼날로 민 다음 시모후리(데치는 작업) 한다.
7. 갈비뼈에 붙어 있는 물질을 데바칼로 깨끗이 긁어 내어 흐르는 물에 담근다.
8. 지리용으로 쓸 복살은 데쳐 놓는다.
9. 복히레(지느러미)는 소금으로 씻고 물로 행궈 말려 사용한다.

■ 야채 준비

1. 무와 당근을 삶아 매화꽃 모양을 만든다.
2. 배추는 삶고 대파는 자르며 복떡은 구워 놓는다.

■ 뎃사(사시미)켜기

1. 준비된 복 살은 얇은 이중막으로 되어 있기 때문에 뎃사를 켤 때는 껍질을 걷어 내고 켠다.
2. 뎃사는 두꺼우면 질기고 맛을 느낄 수 없으므로 아주 얇게 켜서 시계반대 방향으로 국화꽃 형태로 켠다.
3. 삶아 놓은 복 껍질을 성냥꼴처럼 썰고 미나리도 약간 첨가한다.
4. 소스는 폰즈와 함께 낸다. 이때 실파와 아카오로시(무 간것+고운 고춧가루)도 첨가한다.

■ 지리

1. 다시마 국물을 준비 한다.
2. 삶아진 배추에 미나리를 넣고 김발로 만 다음 잘라 넣는다.
3. 복떡, 느타리, 대파 등의 야채를 넣고 살짝 데친 복과 뼈 등을 넣어 소금으로 간을 한다음 끓인다.
4. 고명으로 당근, 무꽃과 미나리를 첨가한다.

■ 야쿠미

1. 실파를 곱게 썰어 사라시(물에 씻는 작업)한다.
2. 무를 강판에 갈아 사라시(물에 씻는 작업)하여 꼭 짠 다음 그운 고추가루와 섞는다.

■ 폰즈

1. 진간장, 가쓰오 다시, 식초를 1:1:1로하고 레몬즙을 갈아 완성한다.

제한시간 30 분

재 료	
까치복	300g
미나미	20g
복떡	10g
실파	5g
식초	20cc
진간장	10cc
배추	40g
대파	20g
무	15g
당근	15g
두부	30g
느타리	10g
팽이버섯	5g

해삼 초회

1. 생미역은 끓는 물에 살짝 데쳐 사라시(찬물에 씻는 작업) 한다.

2. 오이는 자바라(양쪽으로 칼집을 내는 작업)를 하여 바닷물 농도의 소금물
   에 담가 둔다.

3. 해삼은 배를 갈라 내장을 제거하고 쇠꼬챙이에 굽거나 호지차를 첨가한 끓
   는 물에 살짝 데친다.

4. 실파를 썰고 강판에 무를 갈아 고운 고춧가루와 섞어 아카 오로시를 만들
   고 식초, 간장, 가쓰오다시(2:0.5:3)의 비율로 소스를 만든다.

5. 그릇에 생미역, 오이, 해삼을 보기좋게 담고 실파, 아카오로시와 레몬, 마
   지막에 소스를 첨가하여 낸다.

12

* 주어진 재료를 사용하여 다음과 같이 해삼초회를 만드시오.

1) 오이를 둥굴게 썰거나 엇비슷하게 얇게 써시오.
2) 미역을 손질하여 3㎝정도로 써시오.
3) 해삼을 손질하여 준비하고 양념초를 끼얹어 내시오.

제한시간 30 분	
재 료	
해삼	0g
오이	40g
생미역	10g
간장	20cc
식초	10cc
가쓰오부시	60cc
고운 고춧가루	2g
실파	5g

수검자 유의사항

1) 해삼은 내장과 모래가 없도록 손질한다.
2) 오이를 썰어 소금절임을 잘한다.
3) 위에 얹을 무즙 무침과 실파를 준비해 둔다.
4) 미역을 잘 손질하여 파란 색을 살려야 한다.
5) 초와 간장을 잘 섞어 다른 작품과 같은 시간에 무쳐 완료시켜야 한다.
6) 불을 사용하여 만든 조리작품은 반드시 익어야 한다.
7) 요구작품이 두 가지인 경우 한 가지 작품만 만들었을 때에는 미완성
   으로 채점대상에서 제외된다.
8) 조리작품 만드는 순서는 틀리지 않게 하여야 한다.

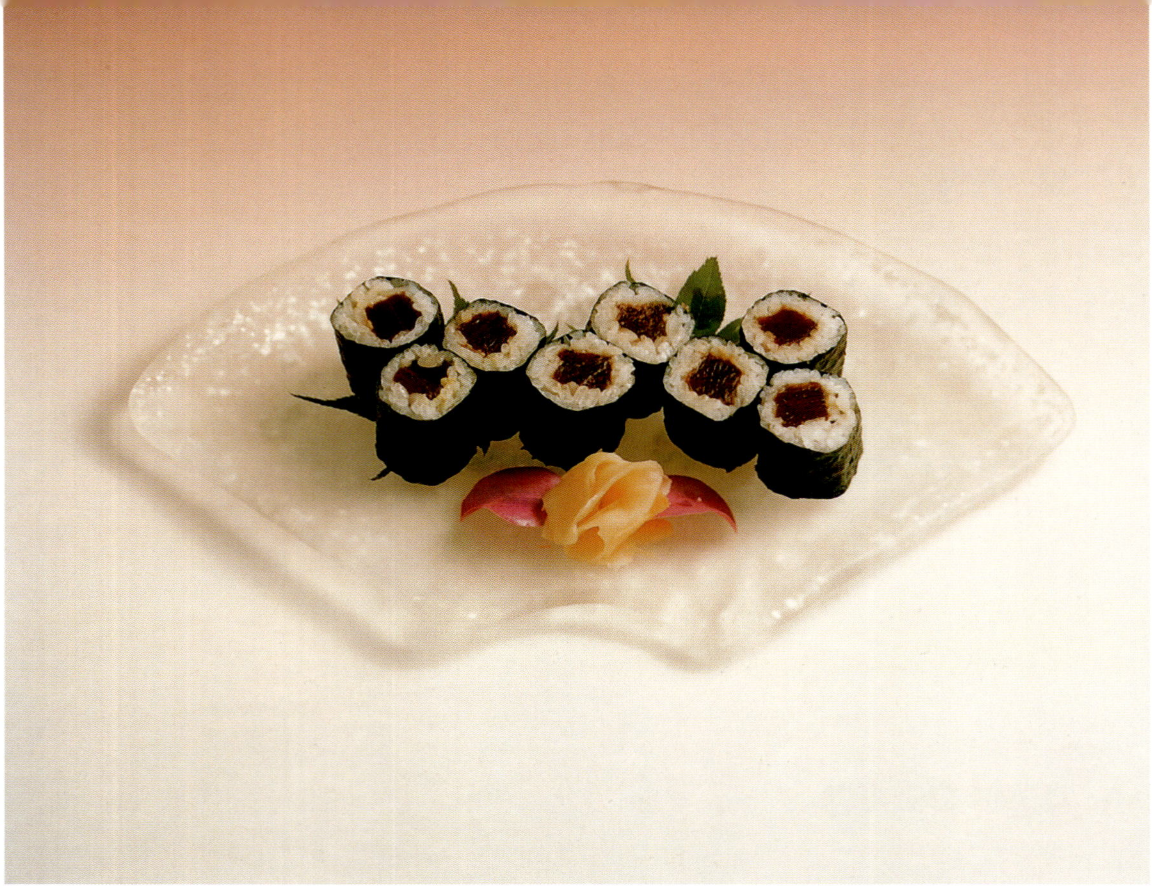

만드는 법

13

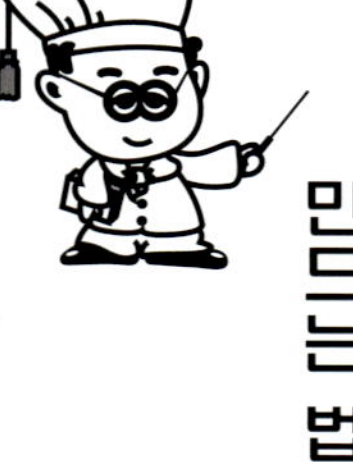

참치 김초밥

1. 김발 위에 김을 놓고 샤리(초밥)를 고르게 편 다음 와사비를 바른다.
2. 직사각형 형태의 참치(아카미)를 길이에 맞게 자른다.
3. 김으로 만 상태가 각을 이루도록 한다.
4. 면이 고르게 잘라 완성하고 낼 때에는 초생강과 함께 낸다.

＊ 주어진 채료를 사용하여 다음과 같이 참치 김초밥을 만드시오.

1) 김을 3/5으로 자르시오.

2) 참치를 2㎝사각으로 김 길이에 맞춰 자르시오.

3) 와사비와 곁들임을 만드시오.

4) 초밥을 만들어 김말이 준비를 하시오.

수검자 유의사항

1) 참치가 얼은 것은 바닷물의 온도와 염도에서 반 정도 녹혀 행주에 싸서 완전히 녹힌다.

2) 김과 초밥을 적당량을 사용하도록 한다.

3) 곁들이는 재료를 준비하여야 한다.

4) 김을 눅눅하지 않게 보관하고 구워지지 않은 김은 한 번 구이한다.

5) 잘 썰어 접시에 담고, 함께 내는 작품과 같이 완료한다.

6) 불을 사용하여 만든 조리작품은 반드시 익어야 한다.

7) 요구작품이 두 가지인 경우 한 가지 작품만 만-들었을 때에는 미완성으로 채점대상에서 제외된다.

8) 조리작품 만드는 순서는 틀리지 않게 하여야 한다.

제한시간 30 분

재 료	
김	0.5 장
오사비	10g
침치	30g
초밥	80g
초생강	10g
식초	10cc
설탕	5g
소금	3g

생선모듬회

1. 무는 돌려깍기하여 채썰어 씻어둔다.

2. 도미와 광어는 기초손질하여 사시미를 켤 수 있게 준비하고 관자는 내장과 살을 분리하여 깨끗이 씻어둔다.

3. 학꽁치는 기초손질한 다음 껍질을 벗긴다.

4. 와사비는 미지근한 물에 너무 질거나 되지 않게 갠다.

5. 접시에 갱(무채 썬 것)을 깔고 생선을 썰어 올린다. 이때 색상과 전체적인 조화가 이루어지도록 해야하며 무순, 와사비, 기타 당근이나 오이 등을 이용하여 장식한다.

14

요구사항

* 주어진 재료를 사용하여 다음과 같이 생선 모듬회를 만드시오.

1) 각 생선을 밑손질하시오.

2) 무채를 가늘게 써시오.

3) 각종 장식을 하여 내시오.

수검자 유의사항

1) 각 어류가 비린내가 나지 않도록 밑손질한다.

2) 각종 야채류를 먹기 좋고 보기 좋게 장식할 수 있도록 썬다.

3) 생선회를 규격에 알맞게 썬다.

4) 생선회 접시에 색상이 알맞도록 담는다.

5) 다른 작품과 같이 완성되도록 하여야 한다.

6) 불을 사용하여 만든 조리작품은 반드시 익어야 한다.

7) 요구작품이 두 가지인 경우 한 가지 작품만 만-들었을 때에는 미완성으로 채점 대상에서 제외된다.

8) 조리작품 만드는 순서는 틀리지 않게 하여야 한다.

제한시간 30 분	
재 료	
도미	70g
광어	70g
관자	30g
참치	50g
학꽁치	40g
전복	50g
간장	80cc
무	150g
무순	20g
와사비	30g
오이	50g
레몬	1/4EA
당근	30g

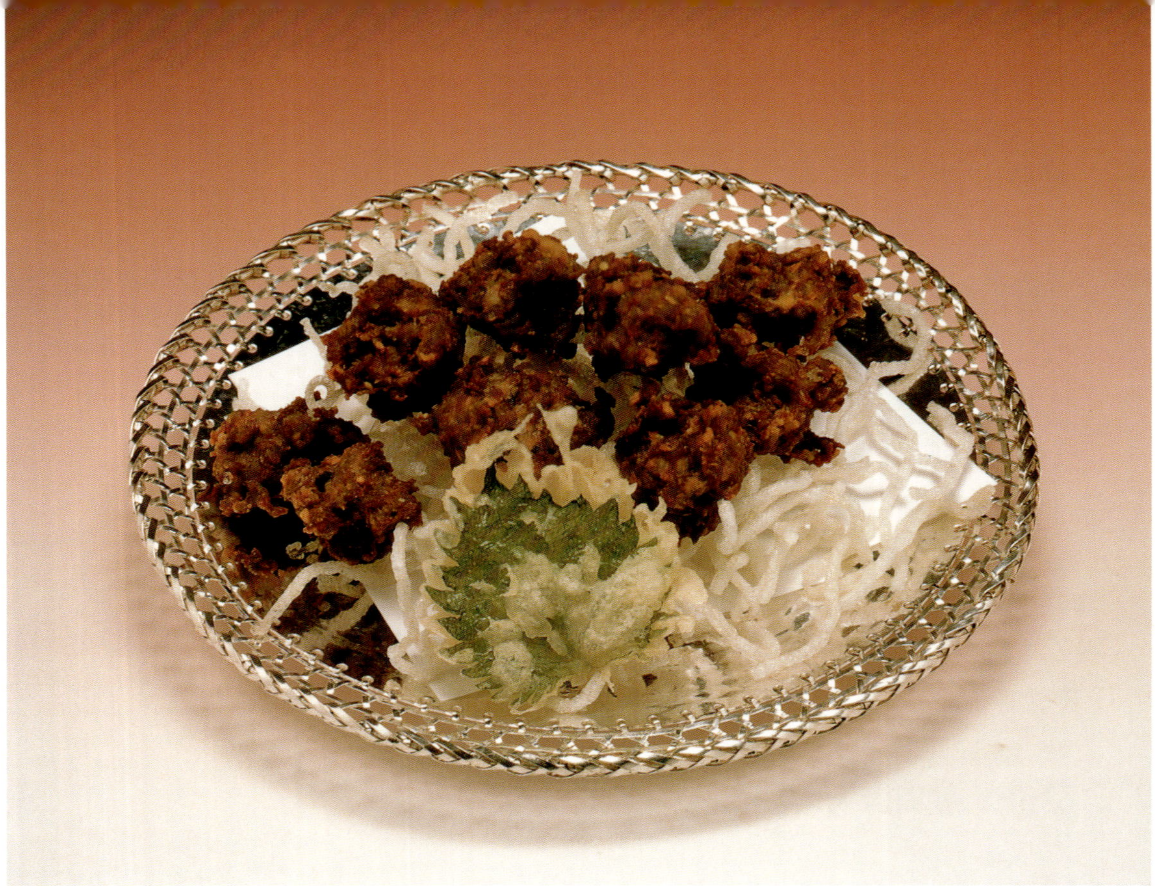

소고기 양념튀김

1. 소고기는 슬라이스하여 잘게 썬다.

2. 간장, 참기름, 후추, 실파, 마늘 등으로 양념을 하고 전분과 밀가루를 넣어
   버무린다.

3. 소고기는 168℃의 온도에서 튀기고, 당면도 튀겨 준비한다.

4. 175℃에서 한번 더 튀긴다.

5. 접시에 튀김 종이와 당면을 놓고 그 위에 소고기 튀김과 고명으로 파슬리
   와 레몬을 첨가하여 낸다.

15

⬤ 요구사항

＊ 주어진 재료를 사용하여 다음과 같이 소고기 양념튀김을 만드시오.

1) 소고기를 결의 반대로 잘게 굵은 채로 써시오.
2) 소고기에 여러 양념을 넣어 무친 후 계란과 밀가루, 전분을 넣어 섞으시오.
3) 기름을 불에 올려 온도를 맞추시오.

➤ 수검자 유의사항

1) 소고기 손질을 잘하여 결이 썰어지도록 썬다.
2) 양념을 잘 섞어 밀가루와 전분이 적당량 섞이도록 한다.
3) 다른 품목과 시간을 맞추기 위해 기름을 화덕에 올려 기름온도 160~170℃로 끓인다.
4) 불을 사용하여 만든 조리작품은 반드시 익어야 한다.
5) 장식품과 곁들일 재료를 준비한다.
6) 요구작품이 두 가지인 경우 한 가지 작품만 만들었을 때에는 미완성으로 채점대상에서 제외된다.
7) 조리작품 만드는 순서는 틀리지 않게 하여야 한다

제한시간 30 분

재 료	
소고기	100g
실파	10g
계란 노른자	1개
참기름	3cc
후추가루	1g
소금	5g
전분	15g
밀가루	5g
정종	15cc
레몬	5g
마늘간장	5g
당면	10g
파슬리	3g

김초밥

1. 계란은 다시, 간장, 미림, 소금 등으로 간을 하여 사각팬에 말아 둔다.
2. 표고버섯은 슬라이스 한 다음 살짝 데쳐 간장, 설탕, 다시를 첨가하여 졸여 둔다.
3. 박꼬지는 불린 다음 삶아 씻고 간장, 설탕, 다시, 미림을 넣어 졸인다.
4. 오이는 적당히 잘라 씨를 제거하고 사용한다.
5. 대구는 뼈와 내장을 제거하고 완전히 삶은 다음 체에 걸러 물기를 없앤다. 그런 다음 물에 중탕하여 설탕, 정종, 미림, 식용색소 등을 첨가하고 수분을 증발시켜 완성한다.
6. 김발 위에 김을 깔고 초밥을 고르게 놓고 준비된 재료를 고르게 놓는다.
7. 내용물이 한 중앙에 위치하게 직사각형을 만들어 준다.
8. 말아진 김초밥을 한번 더 말아 각을 잡아 준다.
9. 한 중앙 부위를 칼로 자른 다음 8쪽이 되게 보기좋게 자른 다음 초생강과 함께 낸다.

16

🔴 요구사항

*** 주어진 재료를 사용하여 다음과 같이 김초밥을 만드시오.**

1) 박꼬지, 계란말이, 오이 등 김초밥 속재료를 만드시오.

2) 김을 적당히 잘라 밥을 간하여 펴놓고 말이하시오.

3) 크기를 똑같이 8~10등분 하여 담으시오.

🏹 수검자 유의사항

1) 박꼬지는 뜨거운 물에 담근 다음 잘 씻어야 한다.

2) 각 재료를 졸이고, 소금에 절이고, 계란말이 한다.

3) 김과 대발을 사용하여 말이한다. 곁들임을 준비한다.

4) 8~10개로 자르고 곁들임도 놓아 다른 작품과 같이 완성시켜야 한다.

6) 요구작품이 두 가지인 경우 한 가지 작품만 만들었을 때에는 미완성
   으로 채점대상에서 제외된다.

7) 조리작품 만드는 순서는 틀리지 않게 하여야 한다.

제한시간 30 분

재 료	
초밥	200g
김	1장
박꼬지	10g
대구살(오보로용)	15g
계란	1개
오이	10g
식용색소	0.2cc
진간장	25cc
설탕	15g
소금	10g
미림	10cc
초생강	10g
표고버섯	15g
식초	15cc

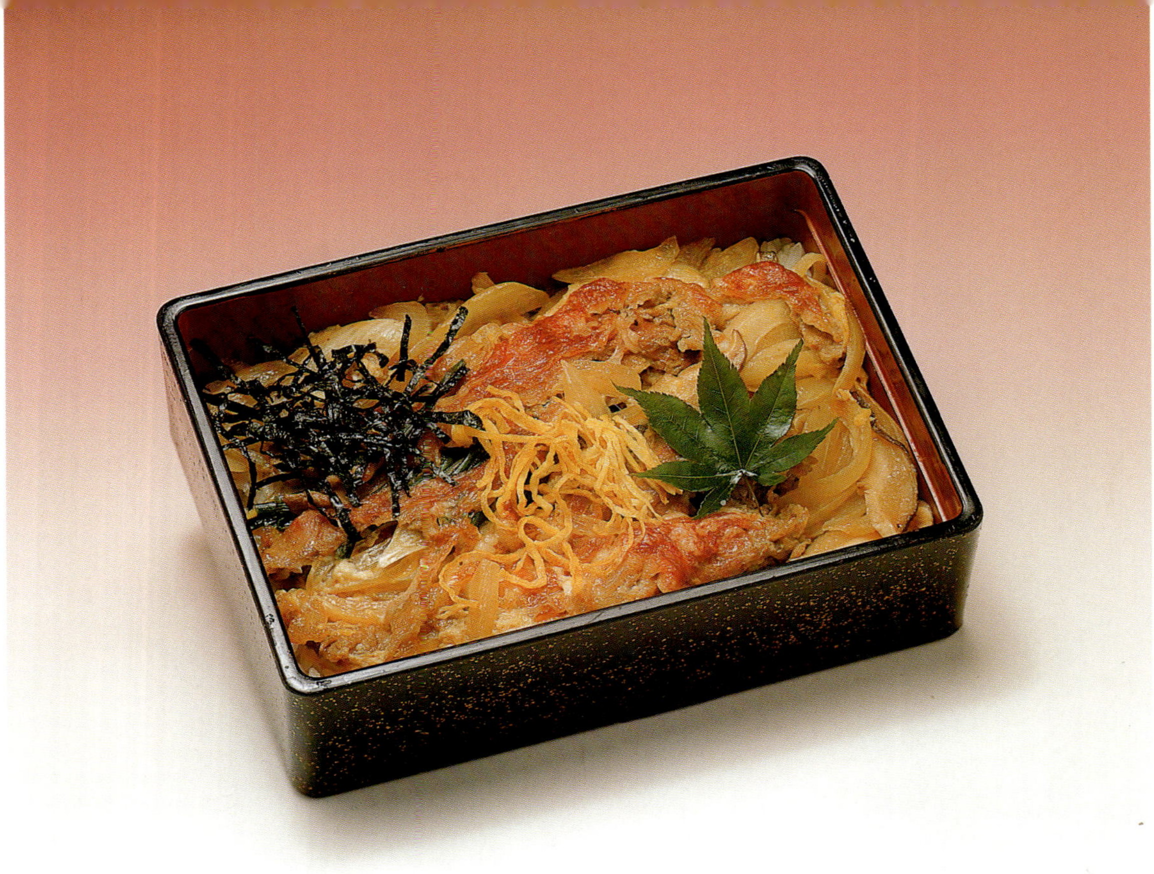

소고기 덮밥

1. 소고기와 야채는 잘게 썬다.

2. 소스에 소고기를 익힌다.

3. 어느정도 익으면 준비된 야채를 넣고 90%정도 익힌다.

4. 계란을 엉기지 않게 풀어 끼얹은 뒤 고명으로 미쓰바나 쑥갓을 첨가한다.

5. 그릇에 밥을 담고 익힌 야채와 고기를 으깨지지 않게 옮겨 담아 완성한다.
   이때 계란이 너무익으면 고기와 야채가 분리되므로 90%정도만 익혀 응고
   되게 만든다.

▶ 소 스 : 가쓰오다시 7, 진간장 1, 미림 1

요구사항

* 주어진 재료를 사용하여 다음과 같이 소고기 덮밥을 만드시오.

1) 덮밥용 양념간장을 만들어 사용하시오.
2) 계란을 알맞게 익혀 준비한 밥에 올려놓으시오.
3) 김을 구워 부셔서 사용한다.

수검자 유의사항

1) 고기와 계란, 야채는 너무 익히지 않도록 유의한다.
2) 덮밥용 국물의 양에 유의한다.
3) 불을 사용하여 만든 조리작품은 반드시 익어야 한다.
4) 요구작품이 두 가지인 경우 한 가지 작품만 만들었을 때에는 미완성
   으로 채점대상에서 제외된다.
5) 조리작품 만드는 순서는 틀리지 않게 하여야 한다.

제한시간 30 분

재 료	
밥	20g
계란	1.5개
표고	10g
실파	10g
소고기	60g
양파	15g
죽갓	5g
가쓰오다시	30cc
진간장	10cc
미림	10cc
설탕	5g
김	3g
미쯔바	5g

만드는 법

18

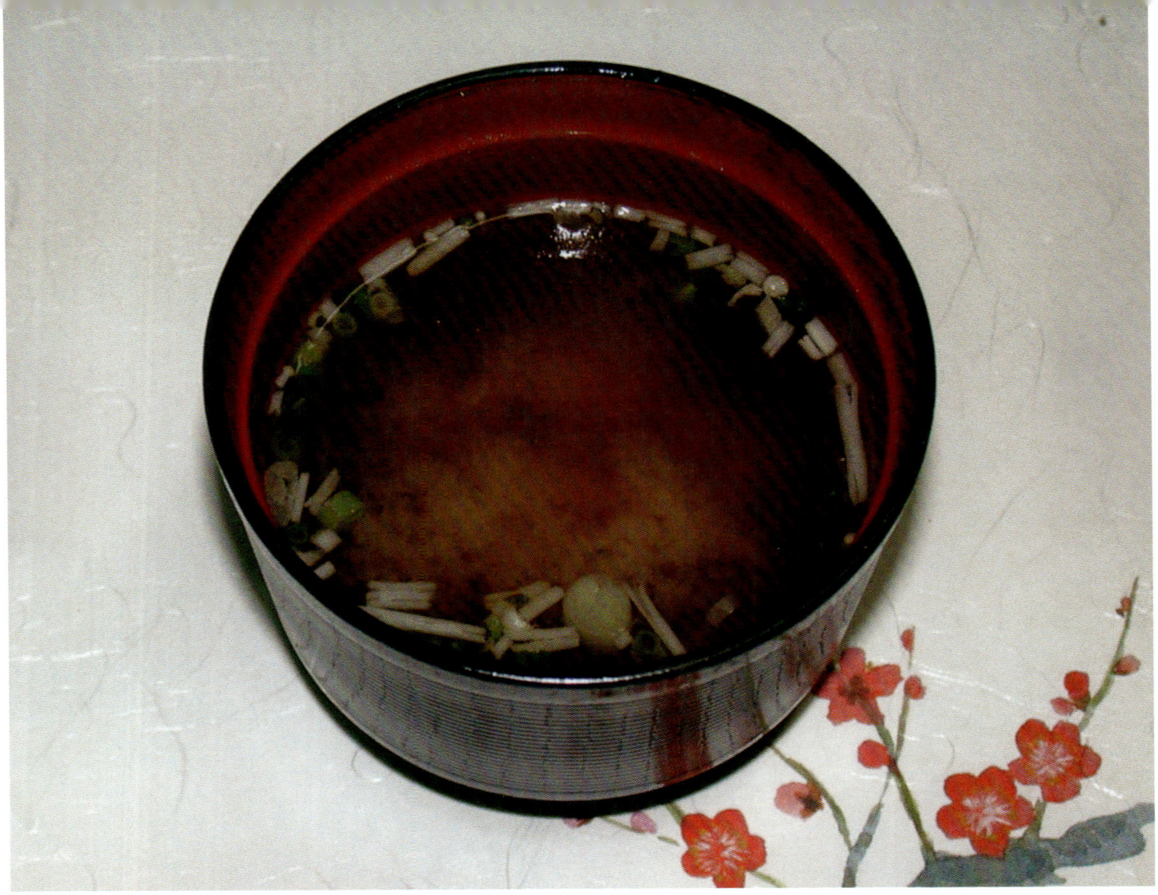

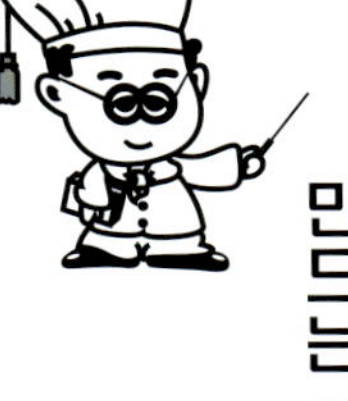

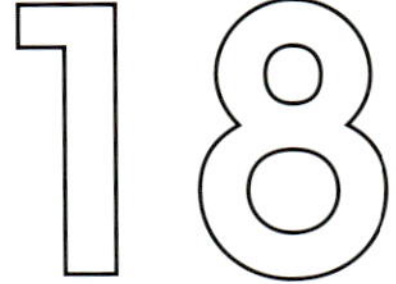

된장국

1. 생미역은 데쳐 찬물에 담갔다가 물기를 제거 하고 먹기좋게 썬다.
2. 두부는 가로 세로 0.5㎝ 크기로 잘라 끓여 둔다.
3. 가쓰오다시를 만든 다음 적당량의 된장을 풀어 끓인다.
4. 그릇에 생미역과 두부를 넣고 된장국을 부은 다음 산초가루를 뿌려 완성 한다.

* 주어진 재료를 사용하여 다음과 같이 된장국을 만드시오.

1) 다시마와 가쓰오부시로 국물을 만드시오.
2) 파, 미역, 두부를 장국의 내용물로 사용하도록 알맞게 써시오.
3) 1의 국물에 된장을 풀어 간하여 그릇에 넣어 완료하시오.

수검자 유의사항

1) 찬물에 다시마를 넣어 끓어오르면 다시마를 건져 내고 가쓰오부시를 넣은 다음 불을 끄고 10여 분 놓아둔 후 고운 체로 걸러낸다.
2) 야채는 크기가 알맞도록 썬다.
3) 된장을 풀어 끓일 때 너무 끓이지 않도록 한다.
4) 다른 품목과 같이 완료하여 식지 않도록 한다.
5) 불을 사용하여 만든 조리작품은 반드시 익어야 한다.
6) 요구작품이 두 가지인 경우 한 가지 작품만 만들었을 때에는 미완성으로 채점대상에서 제외된다.
7) 조리작품 만드는 순서는 틀리지 않게 하여야 한다.

제한시간 30 분

재 료	
된장	40g
가쓰오부시	140cc
다시마	5cm
두부	15g
실파	5g
생미역	10g
산초가루	1g

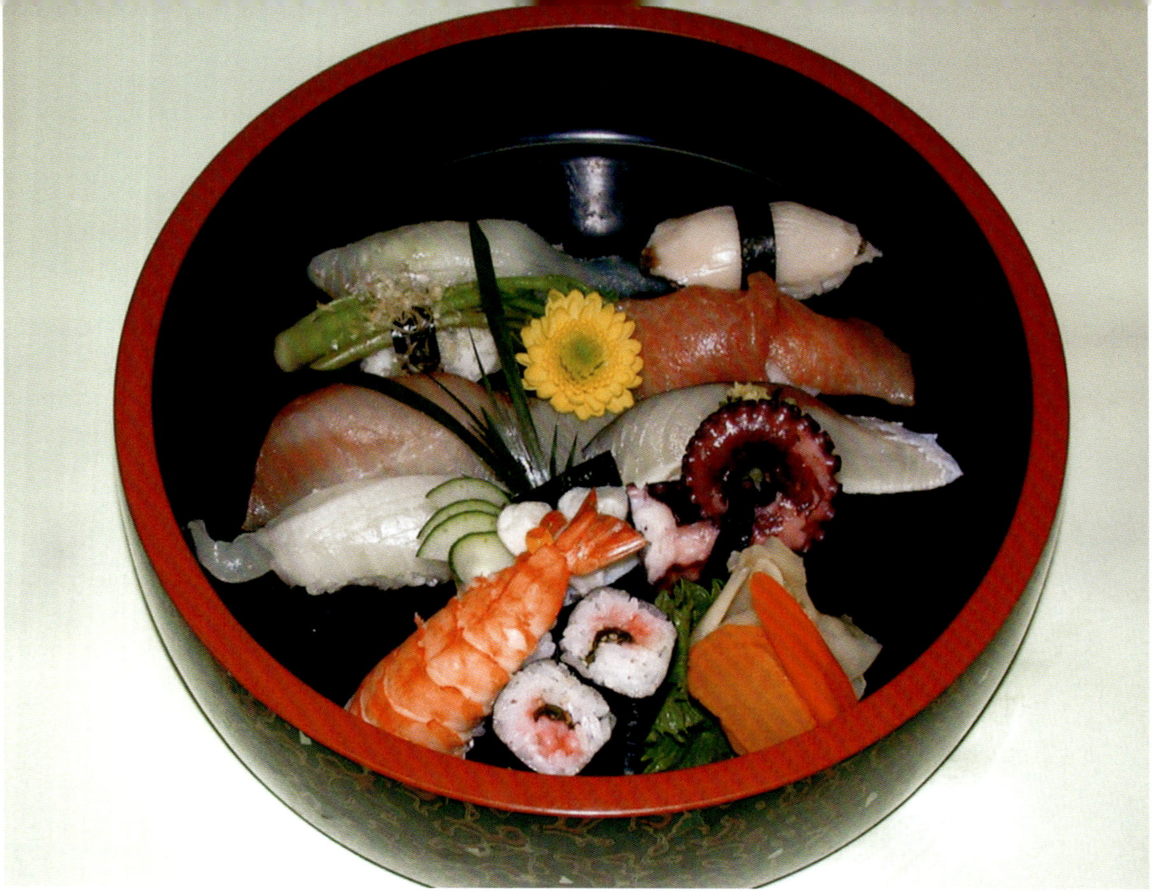

만드는 법

19

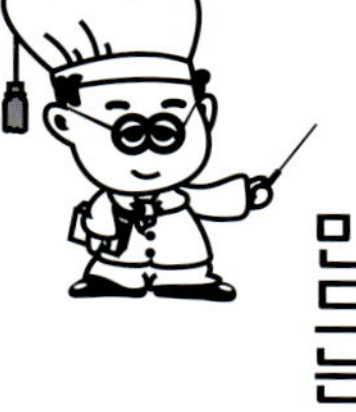

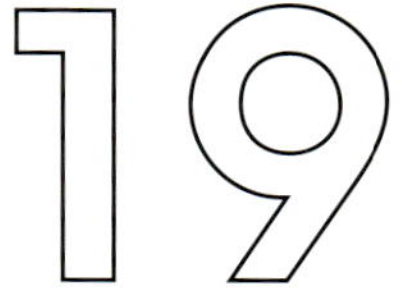

생선초밥

1. 밥은 보통 밥보다 약간 되게 하여 초밥초를 섞어 놓는다.
2. 생선류는 기초 손질하고 초밥을 지을 수 있게 다네(생선 포뜨는 작업)를 준비한다.
3. 와사비는 미지근한 물에 개어 놓는다.
4. 레몬이 첨가된 물, 샤리(초밥), 다네를 준비하고 초밥을 짓는다. 와사비를 너무 많이 넣으면 매운맛이 강하므로 적당히 조절하고 완성된 초밥에 손자국이 나지 않도록 하여야 한다.
5. 초밥이 완성되면 초생강과 함께 낸다.

▶ 초대리 - 식초 100cc, 소금 15g, 백설탕 25g

🔴 요구사항

*** 주어진 재료를 사용하여 다음과 같이 생선 초밥을 만드시오.**

1) 각 생선류와 야채를 초밥용으로 손질하시오.

2) 초밥초를 만들어 밥에 간하여 식히시오.

3) 곁들일 생강, 단무지를 준비하시오.

4) 초밥을 만드시오.

5) 색상을 맞추어 접시에 담아 완성하시오.

➤ 수검자 유의사항

1) 각 생선은 위생상 깨끗이 각각 밑손질하여 포를 뜬다.

2) 채소류 손질 후 사용할 수 있도록 준비하여야 한다.

3) 초밥은 초를 쳐서 체온 정도로 식혀야 한다.

4) 초밥을 사각이 되어 반듯이 서 있도록 주무른다.

5) 색상이 잘 어울리도록 접시에 담고 장식해야 한다.

6) 다른 한 가지 품목과 같이 완료하여 고객이 즉시 먹을 수 있는 상태로 하여야 한다.

7) 불을 사용하여 만든 조리작품은 반드시 익어야 한다.

8) 요구작품이 두 가지인 경우 한 가지 작품만 만들었을 때에는 미완성으로 채점대상에서 제외된다.

9) 조리작품 만드는 순서는 틀리지 않게 하여야 한다.

제한시간 30 분

재 료	
참치	15g
학꽁치	5g
광어	12g
도미	12g
새우	15g
문어	15g
초밥	200g
와사비	20g
초밥생강	10g
식초	80cc
설탕	30g
소금	20g

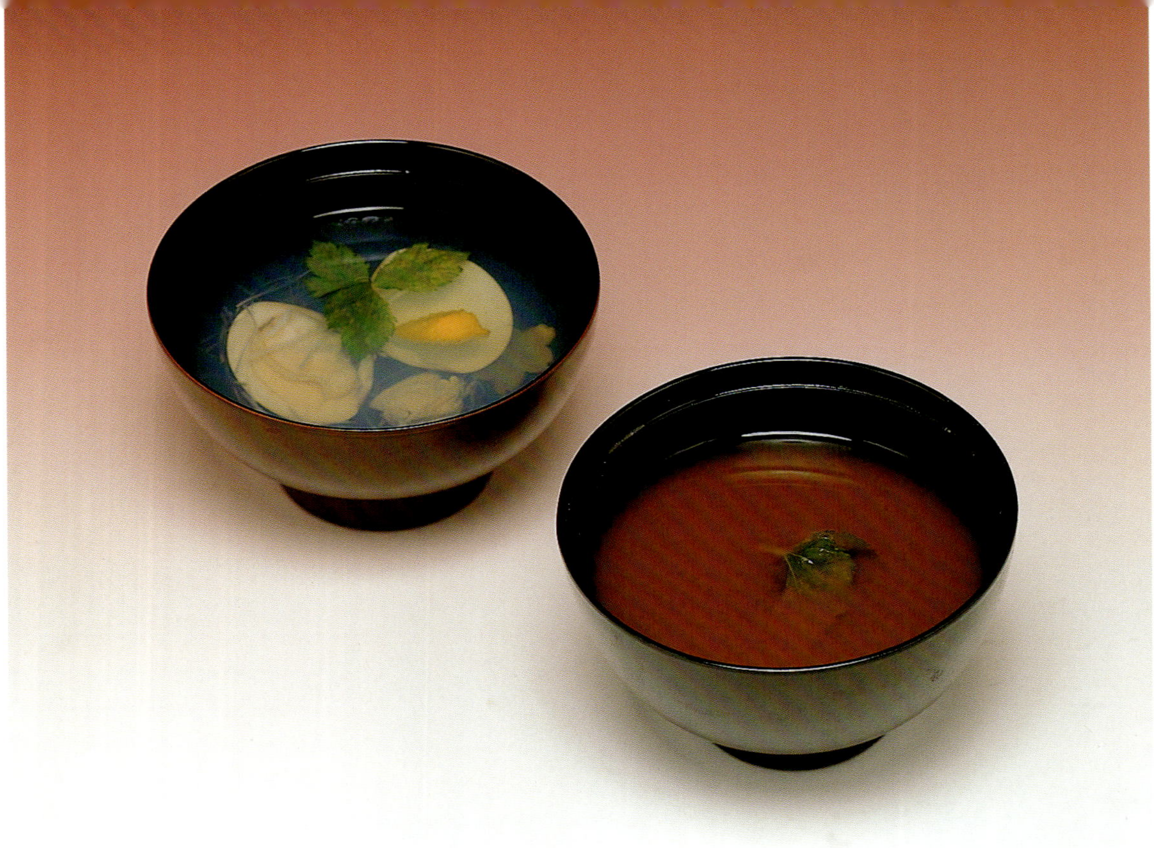

조개 맑은국

1. 조개는 바닷물 농도의 용액에 하루이상 담갔다 사용한다.

2. 다시마는 염분을 제거하고 칼집을 내어 준다.

3. 다시마 국물에 조개를 넣고 중불로 열을 가한다.

4. 정종과 소금 간장 등을 이용하여 간을 한다.

5. 고명으로 레몬과 미쓰바를 첨가하여 낸다.

요구사항

＊ 주어진 재료를 사용하여 다음과 같이 조개 맑은국을 만드시오.

1) 조개가 싱싱한가 확인한 다음 찬물에 앉혀 끓이시오.
2) 죽순을 밑손질하여 삶아 엷은 간을 하시오.

수검자 유의사항

1) 찬물에 조개를 넣어 끓어 올라 국물이 잘 우러나오도록 한다.
2) 곁들일 야채를 밑손질하여 사용할 수 있도록 한다.
3) 조개국물에 간을 하여 약간 싱거운 맛이 나야 한다.
4) 다른 품목과 같이 뜨거울 때 완성하여야 한다.
5) 불을 사용하여 만든 조리작품은 반드시 익어야 한다.
6) 요구작품이 두 가지인 경우 한 가지 작품만 만들었을 때에는 미완성
   으로 채점대상에서 제외된다.
7) 조리작품 만드는 순서는 틀리지 않게 하여야 한다.

제한시간 30 분

재 료	
대합	2마리
다시마	5cm
정종	5cc
대파	10g
미쓰바	5g
레몬	5g
소금	3g
간장	3cc
죽순	10g

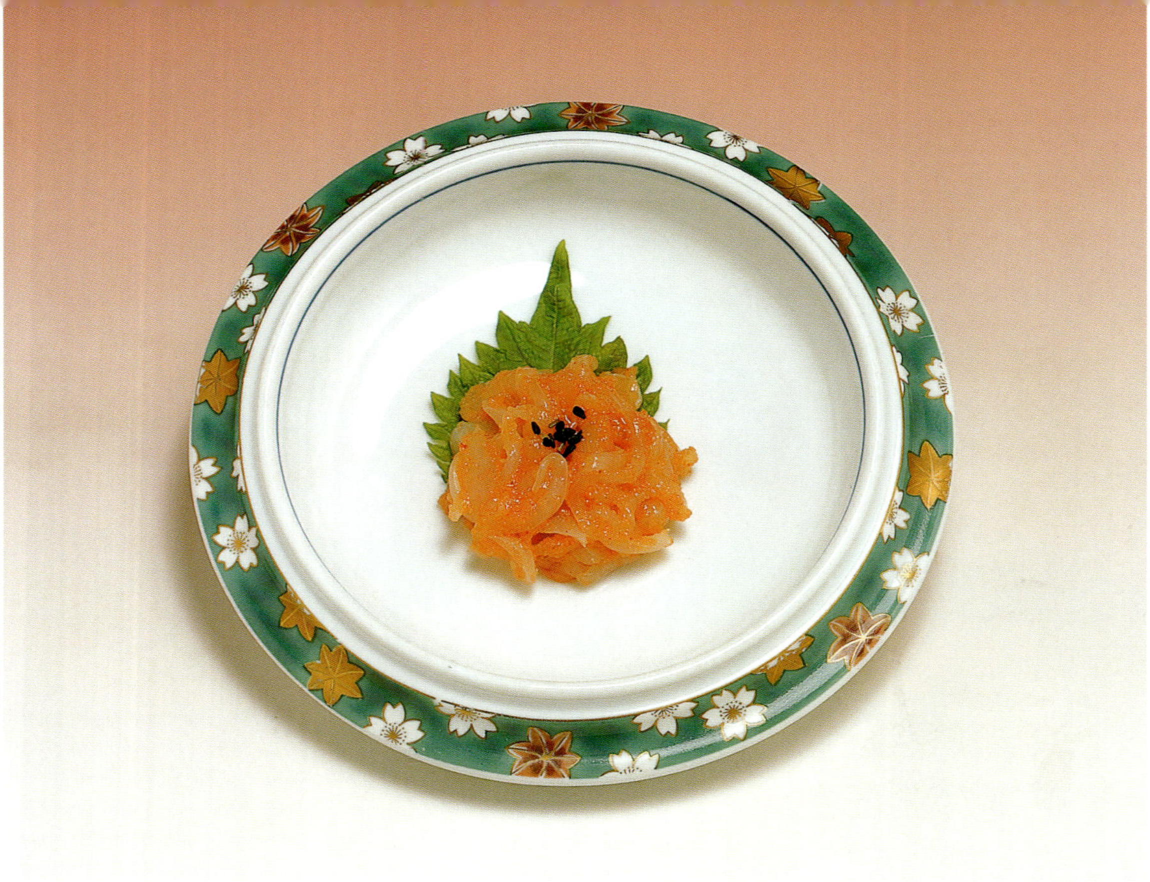

갑오징어 명란무침

1. 명란은 칼집을 내어 껍질을 제거한다.
2. 갑오징어는 몸살을 3~4겹으로 포를 뜬 다음 성냥꼴처럼 썰어 정종을 가미
   하여 둔다.
3. 명란과 갑오징어를 같이 무쳐 그릇에 담은 다음 무순은 살짝 데쳐 찬물에
   씻은 다음 곁들인다.

21

* 주어진 재료를 사용하여 다음과 같이 갑오징어 명란무침을 만드시오.

1) 명란젓은 알만 빼내시오.
2) 적당하게 간을 하시오.
3) 오징어를 손질한 후 잘게 썰고 무쳐서 완료시켜 내시오.

제한시간 30 분	
재 료	
갑오징어	60g
정종	5cc
명란젓	30g
무순	5g

수검자 유의사항

1) 갑오징어는 잘 손질하여 얇은 껍질이 없도록 한다.
2) 가늘게 채 썰어 무치기 좋아야 한다.
3) 명란젓은 껍질을 벗겨내고 알만 사용하도록 한다.
4) 무친 후 알맞은 간이 되도록 양쪽 재료를 간한다.
5) 다른 음식과 같은 시간에 무쳐 내어야 한다.
6) 불을 사용하여 만든 조리작품은 반드시 익어야 한다.
7) 요구작품이 두 가지인 경우 한 가지 작품만 만들었을 때에는 미완성으로 채점대상에서 제외된다.
8) 조리작품 만드는 순서는 틀리지 않게 하여야 한다.

부록

1. 인사는 바르게 하고 있는가?

2. 위생복은 깨끗한가?

3. 주방 청소는 잘하고 있는가?

4. 냉동, 냉장고 정리는 잘하고 있는가?

5. 식재료에 이상은 없는가?

6. 깨끗한 그릇으로 사용하고 있는가?

7. 칼은 깨끗하게 닦아 사용하고 있는가?

8. 말은 경어를 사용하고 있는가?

9. 상호간의 의사전달은 잘되고 있는가?

10. 화재의 위험성은 없는가?

11. 기물의 이름은 알고 있는가?

12. 평소에 머리를 써서 일은 하는가?

13. 후배를 아끼고 존경하는 마음을 갖고 있는가?

14. 자신의 할 일을 남에게 미루지는 않는가?

15. 바쁠 때 다른 생각을 하고 있지는 않는가?

16. 하나하나의 실수는 없는가?

2. 식품위생 기준

1. 모든 음식은 정해진 온도에서 조리한다.

2. 조리된 음식이나 남은 더운 음식은 2시간 내 21℃이하, 4시간 내 5℃이하로 빨리 안전하게 식혀야 한다.

4. 모든 음식은 섭씨 60℃이상 또는 5℃이하로 보관 되어야 한다.

5. 모든 주방 직원들은 유니폼에 정확한 식품측정용 온도계를 휴대한다.

6. 저온 살균 처리된 계란을 사용한다.

7. 생고기나 농산물, 가금류, 해산물, 계란과 같은 식품은 바로 먹는 식품보다 아래쪽 칸에 분리 보관하여야 한다.

8. 도마는 날재료와 바로 먹는 재료로 따로 분리 사용한다.

9. 소독제는 12.5~25ppm의 강도를 유지해야 하며 명확한 라벨표시와 함께 모든 작업장에서 사용가능토록 한다.

10. 소독제의 강도 체크를 위해 검사기구를 비치한다.

11. 행주는 1회용이나 면행주를 사용한다.

12. 면행주를 사용할 경우 소독제가 담긴 그릇에 살균 보관한다.

13. 모든 유리용기는 선반 맨 아랫칸에 보관한다.

14. 팬을 닦을 때는 스텐레스 스틸이나 철재질 수세미 사용을 금한다.

15. 연회장이나 방치된 상황에서 남은 유해 가능한 음식물은 모두 버린다.

16. 유독성 화학 물질은 음식이나 조리기구, 각증 주방 설비에서 격리, 보관해야 한다.

17. 모든 식자재는 온도변화와 세균오염의 가능성을 방지하여야 한다.

18. 모든 식품에는 검수된 날짜와 입고날짜, 조리된 날짜를 표기한다.

19. 음식을 보관할 때는 플라스틱 용기나 스텐리스 스틸 용기만을 사용한다.

20. 세척구간, 헹굼구간, 소독구간을 반드시 분리하여 사용한다.

21. 작업장내에서의 취식, 취음, 흡연, 껌씹기는 금한다.

22. 모든 업무시작 전 항상 위생비누로 손을 씻은 후 시작하여야 한다.

23. 바로 취식이 가능한 음식은 맨손으로 만져서는 안되며 1회용 장갑이나 집게 등을 사용하여야 한다. 단 생선회나 초밥의 경우는 제외한다.

24. 식중독 확인 절차 보고서를 비치한다.

25. 효과적인 청소 프로그램을 실시한다.

26. 냉장 온도(섭씨2~3℃)와 냉동온도(영하 18℃)를 확실히 유지하여야 한다.

27. 업장에 쥐나 벌레가 있어서는 안된다.

28. 주방이나 창고에는 새나 쥐, 파리, 바퀴벌레 등의 흔적이 없어야 한다.

1. 영귤

영귤은 귤의 일종으로 일본에서는 도쿠시마현이 주산지로 스다치라 불리고 있다.

제주도에 도입된지는 얼마되지 않아 명칭이 없었으나 옛 제주도의 명칭인 영을 따서 영귤이라 명명하였다.

영귤은 독특한 맛과 향을 지니고 있어 생과즙을 짜서 각종 요리(생선회, 냉면, 버섯구이, 두부요리, 찜)나 음료(꿀물, 생수, 우유)에 넣어 먹으면 새로운 맛을 연출할 수 있다.

영귤 생과즙과 영귤초는 살아있는 싱싱한 자연식품으로 비타민C와 구연산, 과당이 풍부하게 함유되어 있으며 그 효능은 위장을 자극시켜 소화흡수를 도와주며 피부미용에도 탁월한 효과가 있다. 또한 영귤의 향기는 방향효과로 식욕이나, 중추신경을 자극하여 피로감을 느낄 때 생과를 2등분하여 생과즙을 취음하게 되면 피로회복에 효과가 있다. 보관은 2℃에서 냉장 보관한다.

2. 송이버섯

독특한 향과 맛으로 고단백 저칼로리의 건강식품이다.

비타민B$_2$가 풍부하고 구아닐산이 다량 함유되어 있어 혈액의 콜레스테롤을 저하시켜 주며 고혈압, 동맥경화, 심장병 등에도 효과가 있다.

3. 순채

순채란 공해가 없는 맑은 호수나 연못에서 자생하는 다년생 수초(水草)로서 잎과 줄기사이에서 자라고 있는 순을 말하며 자랄 때부터 순채 전체부위에 수창(水晶)과 같은 맑고 투명한 우무질(미끈한 액)이 두껍게 감싸고 있는 수초이다.

특히 자연 환경이 잘 보존되어 있는 완전무공해 청정지역에서만 자라는 수련과에 속하는 식물이다. 일본인들은 산에서는 송이밭에서는 인삼 물에서는 순채가 제일이라고 할만큼 건강식으로 개발하여 옛부터 상류계층의 기호식품으로 식용해 왔다.

우리나라 동의보감 제2권에 의하면 위나 대장·소장을 보호할 뿐만 아니라 열에 의한 풍기(마비증)나 당뇨 특히 위궤양이나 피부질환, 위암 초기에 특효가 있는 것으로 기술되어 있다. 성분은 단백질 0.5g, 당질 1.2g, 섬유 1.2g이다.

4. 아보카도

숲의 버터라고 불리고 있는 아보카도는 콜레스테롤이 전혀 없기 때문에 스테미너 과일로 인기가 높다. 라틴 아메리카가 원산지이며 대표적인 품종은 멕시코, 과테말라, 웨스트 인디안의 3종류이다.

과육은 노란색이며 무염 버터와 같은 독특한 풍미가 있다. 탄수화물이 없고 단백질과 비타민류가 풍부하다. 아보카도는 그냥 취식이 가능하고 샐러드나 카나페의 재료로도 인기가 높으며 김초밥이나 초밥재료 등 쓰임새가 다양하다.

5. 냉 이

비타민 칼슘 철분이 많다. 생리적으로 필요한 비타민을 많이 가지고 있는 것이 봄나물이며 특히 냉기에 많이 들어 있다.

국을 끓이거나 무침요리 냄비요리 등의 고명으로 사용한다.

6. 달래

　비타민과 칼슘의 함량이 높고, 비타민C가 많으며 사람몸의 세포와 세포를 잇는 결합조직의 생성과 유지에 중요한 역할을 한다.

　또한 호르몬의 분비나 조절에도 관여해서 피부의 노화방지와 저항을 강하게 하고 동맥경화의 예방에도 효과가 있다. 주로 무침요리에 많이 쓰인다.

7. 두릅

　두릅나무과에 속하는 낙엽 활엽의 관목으로 두릅나무의 어린순이 두릅이다. 단백질이 많이 함유되어 있으며 요리용으로 이용된다. 또한 나무 껍질은 당뇨병과 신장병의 약재로 쓰이며 단백질과 회분 그리고 비타민도 많은 편이며, 초고추장에 무치거나 찍어 먹으면 입맛을 돋구며 튀김이나 나물류에 많이 쓰인다.

8. 매실

피로회복이나 입맛을 돋우며 제독, 살균작용을 한다. 신맛이 강한 매실은 해열, 지혈, 진통, 구충제, 갈증방지에 쓰인다.

　매화주, 매화차, 반찬용으로도 활용된다. 식중독이 많은 여름철에 먹으면 체내에 저항력이 생기고 우매보시는 조금 덜 익은 매실을 잘 씻고 말려서 소금에 절인 다음 국물을 버리고 말려서 차조기 잎을 섞어 다시 절인 것이다. 색깔이 빨갛게 변하는 이유는 시소닌이라는 색소가 산성에서 변하기 때문이다.

9. 미나리

　해열, 혈압저하, 황달, 설사에 효과가 있다. 비타민이 풍부한 알카리성 식품으로 식욕을 돋워주고 창자의 활동을 좋게 하며 변비를 없애는 작용을 한다. 치질, 신경쇠약, 정력이 약한 사람, 술마시고 열이날 때 여성의 대하

증과 하혈에도 좋다.

땀띠가 심할 때 즙을 바르면 효과가 있다.

10. 부추

단백질이 많고 조금씩 장복하면 강장 효과가 있다. 부추는 달래과에 속하는 다년생 초본으로서 너무 세면 맛이 없고 질기기 때문에 세지 않는 것이 좋고, 아주 어린잎은 구황이라 하여 맛과 향이 좋으며, 설사를 할 때 부추를 된장국에 끓여 먹으면 효과가 있다. 무침이나 부침 요리에 쓰인다.

11. 샐러리

미나리과에 속하는 2년생 초본으로 스웨덴이 원산지이다. 신경증상과 혈액순환을 원활하게 해준다.

비타민B_1과 B_2가 많아서 강장효과가 있으며 몸을 훈훈하게 덥혀주는 작용을 한다.

12. 시금치

명아주과에 속하는 1~2년 초로써 비타민A가 많이 함유되어 있다. 발육기의 어린이나 임산부에게 좋은 알카리성 식품이다. 데칠 때는 끓는 물에 소금이나 식용 소오다를 조금 넣고 살짝 데쳐서 사용한다. 변비에 효과가 있으며 철분과 엽산이 있어 빈혈예방에 좋다.

13. 쑥

무기질과 비타민 함량이 많다. 감기예방과 치료에 유효하며 해열과 진통작용, 구충작용, 혈압강하와 소염작용을 한다.

식용으로 사용할 때는 독한 맛이 있으므로 삶아서 하룻밤쯤 물에 담갔다가 조리한다.

14. 쑥 갓

국화과에 속하는 1년생 또는 2년생 초로써 알카리성 식품이나 비타민C와 B가 풍부하며 위를 따뜻하게 하고 장을 튼튼하게 해준다. 변비에 걸렸을 때 스프나 살짝 익혀 먹으면 효과가 있다.

15. 완두

콩보다 맛이 좋고 질좋은 단백질 공급원이다.

꼬투리째 먹는 풋콩은 영양식품으로 우수하며 성장을 촉진하고 특히 정자를 만드는 데 크게 관계되는 라이신과 아지닌이 많고, 설사치료에도 효과가 있다.

16. 죽 순

비만이나 고혈압인 사람에게 좋다. 죽순 고유의 맛은 글루타민산 등 아미노산과 유기산, 아데닐산 등이 어울려 생긴 것이다.

죽순은 저장이 어려워 통조림으로 보관하는데 따보면 햐얀 앙금이 있는 경우가 있다.

이것은 부패한 것이 아니고 죽순에 들어 있는

수산염, 키시란, 전분, 단백질, 아미노산 등이 티록신과 결합해서 발생하는데 삶고난 후 잘 헹구어 사용하면 문제가 없다. 죽순을 조리할 때는 쌀뜨물을 넣으면 좋지 않은 맛이 없어진다.

죽순밥, 조림요리, 죽순채, 죽순탕 등 다양하게 쓰인다.

17. 취나물

칼슘의 함량이 많은 알카리성 식품이다. 엉거시과에 속하는 다년초로서 우리나라 산야에 널리 분포되어 있으며 맛있게 취식하기 위해서는 간을 잘 맞춰야 한다.

신채의 좋지 못한 잡맛을 없애기 위해서는 삶은 나물에 식용소다를 풀어 우리면 좋다.

18. 감 자

미국대륙이 원산지로서 녹말이 많고 단백한 맛을 지니고 있는 알카리성 식품이며 조리법이 다양하다. 감자는 수분이 적은 곳에서 재배된 밭감자가 상품이며 감자의 눈이나 햇볕에 쬔 부분에는 솔라닌이라는 독소가 들어 있어 취식하면 식중독을 일으키기도 한다. 조리시에는 잘라내고 사용한다.

19. 당 근

동물의 간과 맞먹는 비타민 A의 공급원이며 알카리성 식품으로 빈혈, 저혈압, 야맹증에 좋다. 유럽, 아프리카가 원산지이며 우리나라에는 당나라 때 도입되었기 때문에 당근이라 부른다. 당근의 붉거나 노란 색소는 카로틴이 들어 있기 때문에 비타민 A는 물에 녹지 않고 가열해도 분해되지 않는 성질을 갖고 있어 익혀 먹어야 한다.

20. 수 박

아프리카가 원산인 수박은 300여년 전 중국을 거쳐 수입되었으며 피로회복, 해열, 해독 작용이 있고 위장의 기능을 강화시켜 주는 역할을 한다.

특히 신장병에 유효하다. 신경을 안정시키고 갈증을 풀어주며 더위를 가시게 해주는 수박은 여름철에 없어서는 안될 식품이다.

21. 복숭아

복숭아는 살이 흰 백도와 황도로 나뉜다. 황도는 백도보다 비타민 A가 10배 가량 많이 들어있으며 제철 과일로는 백도가 좋고 황도는 통조림으로 가공한다. 아스파라긴산이 많이 들어 있으며 특히 장어를 먹은 후에 복숭아를 먹으면 설사를 하기 쉬우니 주의해야 한다. 보관은 0~1도에서 하는 게 이상적이다.

22. 아스파라거스

백합과에 속하는 다년초로서 신장에 좋은 식품이다. 백색과 녹색 두 가지가 있으나 백색은 빨리 변색하므로 냉장이나 가공을 한다. 녹색이 영양가가 높으며 신진대사에서 중요한 구실을 하는 아스파라긴산이 많다.

특히 신경통을 앓고 있는 사람에게는 아스파라거스가 좋다.

23. 양 파

페르시아가 원산이며 백합과에 속한다. 날것으로 먹거나 익혀 먹으면 효과가 있다. 양파를 다른 음식물과 함께 취식하면 비타민 B_1의 흡수가 잘되고 샐러드에 양파를 넣게 되면 스테미

너 식품이 된다.

　등산이나 근육운동을 할 때 양파를 먹으면 피로가 덜하며 먹고 난 뒤 특유의 냄새를 없애려면 신맛이 강한 과일을 먹거나 식초를 먹으면 깨끗이 없어진다.

24. 오 이

　원산지는 인도이며 비타민과 무기질의 공급원으로 피부미용에 좋고 향미, 색깔, 씹히는 맛 등이 식사에 변화와 풍족감을 준다.

　오이지나 소박이를 담그면 갈색으로 변하는데 이는 엽록소가 분해되기 때문이다. 오이는 위병에도 효과가 있으며 오이줄기를 잘라서 나오는 물은 피부를 곱게 만드는 화장수로 쓰인다. 오이꼭지의 쓴맛은 쿠키타파신이라는 성분이 들어 있기 때문이다.

25. 토마토

　혈압을 내리고 혈관을 튼튼하게 한다. 토마토의 빨간색은 카로티노이드라는 물질인데 주성분은 리코핀이다. 고기나 생선 등 기름기 있는 음식을 먹을 때 토마토를 곁들이면 소화촉진 효과가 있다.

　무기질로 칼로리가 많기 때문에 설탕보다는 소금을 찍어 먹는 것이 효과적이며 껍질을 벗길 때는 끓는 물에 살짝 데쳤다가 찬물에서 벗기면 쉽게 껍질이 제거된다.

26. 포 도

　당질이 주성분인 포도는 대부분이 포도당과 과당이다. 피로회복에 효과가 있으며 장의 활동을 촉진시키고 해독작용을 한다. 칼슘과 철분이 많이 들어 있으며 과일이나 잼, 젤리의 용도로 쓰인다.

27. 호박

　　당분이 많으며 위장이 약하거나 마른 사람, 회복기의 환자에게 좋다. 산후에 부기가 난 사람에도 효과가 있다. 가장 이상적인 조리방법은 기름으로 조리하는 것인데 이는 카로틴의 흡수가 높아지기 때문이다.

　비타민 A와 C, B₂가 함유되어 있으며 호박씨에는 머리를 좋게 하는 레시틴과 필수아미노산이 많다.

28. 가지

　　특별한 영양가보다는 고운 색깔과 향기, 맛 때문에 꾸준히 애용되어 온 것으로 생각된다.

　　특히 가지의 빛깔은 중추신경을 자극해서 침이 많이 나게 하는 역할을 하고, 색깔의 변색을 막기 위해 명반을 사용한다.

29. 감

　　포도당과 과당이 많으며 비타민 C는 사과의 10배가 넘는다. 감에는 탄닌산이라고 하는 성분이 들어 있어 떫은 맛을 낸다.

　　곶감이 단맛을 갖는 것은 탄닌산이 불용성으로 변하기 때문이다. 몸 안에 흡수된 알콜성분을 빨리 산화 시켜주는 작용도 한다.

30. 고구마

　고구마는 중남미가 원산인 매화과에 속하는 일년초로써 알카리성식품이다. 편통에 효과가 있으며 신경의 흥분을 억제하는 작용을 한다.

주성분이 전분이므로 비만이나 고혈압, 당뇨병, 심장질환, 환자는 피하
는 게 좋다.

31. 고추

비타민 A와 C가 풍부하며 빨간 빛깔은 캡산친이라는 성분이다.
매운맛은 캡사이신 성분인데 고추의 약 0.2%에 해당한다.
적당하게 먹으면 위액의 분비를 촉진시켜 식욕이 나고 혈액순환
도 잘 될 뿐더러 기분도 상쾌해지지만, 다량 섭취하면 위와 장을
자극하여 설사를 하고 간장기능을 해친다. 마른 고추를 쌀독 밑에
넣어두면 쌀벌레가 나지 않는다는 속설이 있다.

32. 귤

비타민 C가 풍부한 알카리성 식품으로 신진대사를 원활하게
하며 체온이 내려가는 것을 막아주고 피로회복과 피부미용에
도 좋다.
피부와 점막을 튼튼하게 하고 겨울철 감기예방에도 좋으며
고혈압과 동맥경화에도 효과가 있는 것으로 알려져 있다.

33. 산 마

소화성이 좋고 매력적인 강장식품으로 당질이 많으며 마
가 갖는 끈끈이 성분은 단백질인 글로블린과 당질인 만난이
약하게 결합된 것이다.
소화작용을 돕고 갈아서 먹을수록 효소가 잘 작용하기 때
문에 좋다. 어린이와 건강한 사람의 내장을 튼튼하게 해주고
기력을 증진시킬 뿐 아니라 허약한 사람이나 여윈 사람에게도 효과가 있
다. 찐마를 호두와 함께 먹으면 머리가 명석해진다.

34. 마늘

　　신경통, 회춘 등에 효과있는 강장제이다. 마늘냄새의 주성분은 디아딜 설파이드라고 하는 유황화합물이며 많이 먹는 사람은 체취가 고약하다.

　　마늘은 향신료로 많이 쓰이며 고기나 동물의 내장 등을 요리할 때 넣으면 특이한 냄새와 맛을 없앨 수 있고, 김치 등의 한국 요리에 있어서는 반드시 필요한 식품이다.

35. 무

　　비타민 C가 많아 기침 등에 효과가 있다. 무 잎에는 비타민 A가 많으며 영양가가 매우 우수하다.

　　무의 껍질에는 속보다 비타민 C가 2배 많이 함유되어 있으며 효소 또한 많아 무를 많이 먹으면 속병이 없어진다는 속설이 있다.

　　무의 매운맛은 유황화합물 때문인데 날 무를 먹고 트림을 하면 고약한 냄새가 바로 이 때문이다. 생선회나 구이 등에 무를 갈아서 곁들이는 것은 산성식품인 생선을 중화하고 튀김류 등은 소화촉진 효과를 높이기 위함이다.

36. 배

　　과당이 대부분이고 포도당이 적은 알카리성식품으로 신맛이 거의 없으며 소화작용을 돕는다. 불고기나 육회 등에 배를 넣으면 고기가 효소의 작용으로 연해질 뿐 아니라 소화성도 좋아진다. 갈증이나 숙취, 변비 등에도 효과가 있으나 산모나 소화력이 약한 사람은 삼가는 게 좋다.

37. 배 추

비타민 C와 칼슘이 많은 전천후 부식이라 할 수 있다. 고기류 해산물 및 패류 등과 함께 조리하며 산성식품을 중화시키고 식욕증진에도 효과가 있다. 한방에서는 침의 분비를 원활하게 하고 창자안에서 소화를 도우며 내장의 열을 내리게 한다고 알려져 있다. 특히 변비에 좋다.

38. 버 섯

한국사람은 표고와 송이를 선호하고 서양사람은 양송이를 즐긴다. 고혈압과 심장병에 좋으며 감칠맛을 내는 구아닐산이 들어 있다. 조리시에는 독특한 향기를 살리는 것이 중요하다. 구울 때는 살짝 굽고 찌개나 국에 넣을 때도 바로 먹기 전에 투입하여 맛과 향을 유지하는게 좋다. 독버섯과 식용버섯은 반드시 구별할 수 있어야 하겠다.

39. 사 과

주요성분은 과당과 포도당으로 우리 몸안에 쌓인 피로물질을 제거하는 역할을 한다. 변비나 피로회복, 고혈압 등에도 효과가 있으나 담석증환자는 삼가는 것이 좋다.

식전에 먹는 사과는 위의 활동을 촉진해서 소화 흡수에 도움을 준다.

40. 연 근

녹말과 당질이 주성분이며 저혈압과 피로회복, 정신안정에 유효하다. 비타민 B_1, B_2, B_{12}가 많으며 자를 때 끈끈한 성분은 단백질과 당분이 결합한 것이다. 연근이 흑갈색으로 변하는 이유는 크로로 겐산과 폴리페놀이라는 물질 때문이다. 변색을 막기 위해 식초물을 사용한다.

41. 우엉

당질이 주성분인 알카리성 식품으로 이눌린이라는 성분이 함유되어 있어 당뇨병환자에게 좋다. 특히 가슴앓이, 위장, 피부병에도 효과가 있다. 우엉을 썰게 되면 갈색으로 변하는데, 이는 폴리페놀계 화합물이 효소에 의해서 산화되기 때문이다.

42. 유 자

비타민 C가 많아 감기, 중풍예방에 효과가 있다. 헤스페레딘이라는 물질로 인해 모세혈관을 보호하고 강하게 한다. 밥맛이 없거나 소화불량일 때 먹으면 좋고 음식의 향을 낼 때에도 많이 쓰인다.

43. 파

비타민과 철분이 많아 감기악화를 막는 효과가 있다. 고기와 생선 등의 좋지 못한 냄새를 없애주며 몸을 따뜻하게 하고 위장의 기능을 도와주는 산성식품이다.

잠이 안오거나 흥분이 가라앉지 않을 때도 먹으면 효과가 있다

44. 해파리

해파리과에 속하는 강장동물이며 성분은 대부분 한천질이다. 비만인 사람에게 아주 좋은 식품으로 냉채나 양장피잡채에 많이 쓰인다. 사용시는 소금물에 3~4시간 우려 염분을 뺀 후 냉수에 씻어 썬 다음 조리한다.

소화불량이나 목의 염증에 효과가 있다.

45. 김

단백질과 비타민이 많아 푸른채소가 적은 겨울철 식품으로 영양가가 높다. 김 1장에 달걀 2개 양의 비타민 A가 들어 있다. 빛깔이 곱고 광택이 나며 향기가 높고 불에 구으면 청록색으로 변하는 것이 상품이다. 보관시에는 습기를 막고 어둡고 서늘한 곳에 둔다.

46. 다시마

칼슘이 많고 혈압을 내리게하는 성분을 함유하고 있다 갈색 조류에 속하는 2~3년생의 해조가 다시마이며 길이는 2~4m 폭은 20~30㎝이다.

다시마는 빛깔이 검고 두꺼우며 염분이 많이 묻어 있는 것이 상품이다.

47. 미역

영양소를 고루 지녀 산후, 미용에 특효가 있다.

칼슘의 함량이 뛰어나서 분유와 맞먹을 정도로 들어 있다.

칼슘은 골격과 치아형성에 필요한 성분이며 산후에 자궁수축과 지혈의 역할을 하기도 한다. 성인병 예방과 비만에도 좋은 식품이다.

48. 해 삼

골격형성에 필요한 칼슘과 철분이 많다. 마른 해삼의 단백질은 32%나 되며 해삼탕, 해삼초, 해삼백숙, 해삼회 등 다양한 요리가 가능하다. 해삼은 식욕을 돋구고 신진대사를 왕성하게 하며 혈액 응고 등의 작용을 한다.

특히 정력보강에 좋은 식품이다.

49. 대구

　　대구는 입이 커서 대구이며 또한 머리가 크기 때문에 대두어라고도 한다. 지방이 적어 담백한 것이 특징 이며 눈 알에는 영양가가 많다. 알은 알젓을 그리고 아가미와 창자는 창란젓을 만든다. 몸이 허약한 사람의 보신제로 쓰이며 숙취, 산모에게도 좋은 효과가 있다.

50. 문어

　　연체동물 중에서는 머리가 제일 좋고, 발은 8개이고 100~1000m 깊이의 바다에 사는데 여름에는 얕은 바다에 산다.

　　문어를 삶으면 붉은 빛이 되는데 육조직에서 나온 용액이 알카리성으로 변화되어 온모크롬이라는 물질로 녹아나기 때문이다. 영양도 많고 맛도 일품이나 소화가 잘 되지 않는게 흠이다.

51. 굴

　　바다에서 나는 우유라고 할만큼 영양가가 높다. 가을부터 겨울이 성수기이며 5, 6, 7, 8월에는 산란기여서 굴을 먹지 않는다. 비타민과 미네랄이 다량 함유되어 있고 소화 흡수가 잘된다. 빈혈과 간장병 후의 체력회복에 좋은 식품이며 강장제로도 훌륭하다.

52. 꽁치

　　생선 중에서 지방 함량이 가장 높고 제철은 10월과 11월이다. 가을 스테미너 식품으로 양호하며 특히 비타민 B_2와 철분이 많아 한국 여성에게 많은 빈혈증에 아주 좋은 식품이다. 단백질의 함량이 20%이다.

53. 갈 치

단백질이 많고 당질이 우수하다. 온몸에 비늘이 없고 은백색의 가루로 덮여 있다. 이는 인공진주의 광택을 내는 데 사용되기도 한다. 인산의 함량이 많은 산성식품이므로 채소와 곁들여 먹는 게 좋다.

54. 게

단백질의 함량이 많고 로이신 아르기닌, 라이신 등 필수아미노산이 다량 함유되어 있어 발육기에 있는 어린이나 노인, 허약 체질인 사람에게 좋다. 소화가 잘되고 담백한 저지방 식품이다.

게는 산성이므로 알카리성 식품과 함께 섭취하는것이 양호하며 굽거나 삶으면 빨갛게 변하는 것은 아스타크산틴이라는 색소가 변하기 때문이다. 산란기는 4월에서 6월이다.

55. 고등어

단백질이나 지방의 함유량이 높지만 식중독의 위험성이 크다. 식중독을 일으키는 이유는 회로 먹었을 때 설사를 하게 되며 부패속도가 다른 생선보다 빠르다. 고등어를 사용하여 조리할 때는 익히거나 초절임을 해서 취식하는 것이 안전하다.

고등어는 가을이 제철이며 등쪽보다 배쪽살이 지방 함량이 많아 맛이 좋다.

56. 장 어

비타민 A가 많고 강장에 뛰어난 식품이다. 여름에 보양식품으로 각광을 받고있으나 장어의 참맛은 가을이 제격이다.

가을이 되면 산란하기 위해 바다로 향하는데 이때가 영양이 가장 풍부하기 때문이다.

80g의 장어의 경우 비타민 함유량이 소고기의 200배 가량으로 알려져 있으며 장어의 지방은 모세혈관을 튼튼하게 해주고 몸의 생기를 왕성하게 하는 작용을 한다. 장어는 소화기능이 약한 어린이는 피하는게 좋다. 구이, 초밥, 탕, 튀김 등 다양하게 쓰인다.

57. 전 복

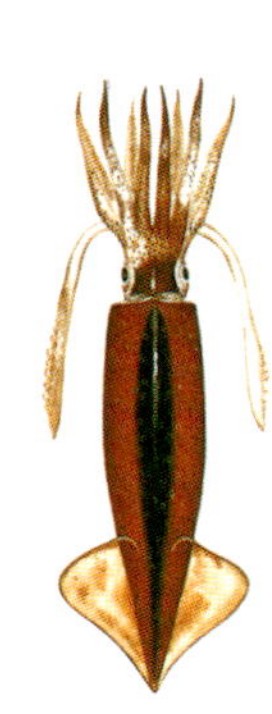

왼쪽의 껍질형태를 하고 있으며 옛부터 불로장생에 좋다고 알려져 있다. 임산부나 간경화증 환자에 좋은 건강식품이며 산성식품으로 여름철에 가장 맛이 좋다. 암컷은 진한 녹색을 띠고 수컷은 노란 색이다.

감칠맛을 주는 글루타민산이 많이 함유되어 있으며 내장은 영양성분이 풍부하고 맛이 독특하며 정력을 강화시켜주는 역할을 한다. 비만이나 간염 등에도 효과가 있다.

58. 오징어

마른 오징어의 단백질은 쇠고기의 3배의 함량이 들어 있다. 오징어과에 속하며 뼈오징어, 갑오징어, 살오징어, 왜오징어로 나뉜다.

몸빛은 주위 환경에 따라 변하나 대체로 암갈색이고 죽은 것은 백색으로 변한다.

59. 새 우

양기를 왕성하게 하며 신장을 강하게 한다.

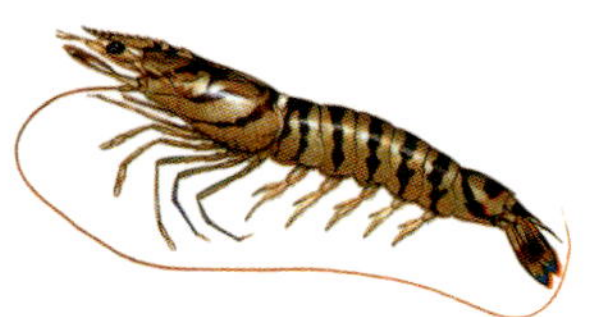

단백질과 칼슘이 풍부한 일급 강정식품으로 각광을 받고 있으며 말린 새우는 단백질이 더 풍부하다. 새우류의 껍질은 당분과 단백질이 결

합한 당 단백질인데 가열하면 적흑색이던 것이 고운 적색으로 변한다. 다양한 요리를 할 수 있으며 특히 오도리라고 하는 산새우를 술에 삶아 먹는 취하라고 하는 요리방법은 독특하다.

60. 성게

흔히 성게라고 부르고 있으나 원어는 섬게이다. 단백질과 비타민 철분이 많아 빈혈증이나 몸이 찬 사람에게 효과가 있는 식품이다. 술 안주나 초밥, 알초밥용으로 적당하다.

61. 소라

고려 공민왕 때 명나라에서 수입되었다고 한다.

고등어과에 속하는 권패류로서 감칠맛과 발육기 어린이에게 좋다. 단백질을 구성하는 아르기닌산과 히스티딘, 라이신이 많아 구이, 회, 젠사이 등으로 사용된다.

62. 조개

대합 조개는 2~3월이 제철이다. 전복과 가리비를 제외하고는 산란기가 늦봄에서 여름사이 이기 때문에 이때는 피하는 것이 좋다. 간장질환과 담석증 환자에게 좋은 식품이다.

조개류에는 호박산이 들어 있으며 바지락 조개에는 베네루핀이라는 독소가 들어 있어 식중독을 일으킨다.

산란기의 조개에 의한 식중독은 급성간장위축으로 혈변, 토혈, 황달이 되고 심하면 사망하므로 취급시에는 주의를 요한다.

63. 삼 치

　4~5kg정도의 크기가 사용하기에 편리하고 맛도 좋으며 된장구이, 소금구이, 간장구이 등의 요리를 할 수 있다. 배부분이 탄력이 있고 껍질에 상처가 없는 것을 사용하며, 제철은 12월~다음해 3월이다.

64. 전 어

　비늘이 벗겨지지 않고 탄력이 있는 것이 좋다. 12월~다음해 2월이 제철이며 초밥이나 초회, 세꼬시 등에 많이 쓰인다.

65. 옥도미

　11월~4월이 제철이며 색깔은 금빛이 나고 눈은 광택이 있는 것을 고른다. 구이나 찜 등에 좋다.

66. 참 치

　흔히 아카미라고 부르는데 살이 빨간 것이 상품이고, 연중 사용이 가능하며, 회, 초밥, 구이, 스테이크 등에 쓰인다.

67. 병 어

　간장구이, 된장구이 등에 사용되며 큰 것일수록 좋고, 은빛이 선명하게 나고 비늘이 손상되지 않은 것이 좋다.

68. 도 미

　　일본인들이 가장 좋아하는 생선 중의 하나이며, 종류가 대단히 많으며 적도미, 흑도미, 돌도미 등이 인기가 있다.
　　구이, 회, 조림, 찜 등의 요리에 사용하며 1~4월이 제철이다.

69. 농 어

　　여름이 제철인 농어는 포를 떠서 얼음물에 기름기를 씻어낸 다음 폰즈와 함께 취식하면 별미중에 별미다. 회, 구이, 조림 등에 사용되며 제철은 6~10월이다.

70. 갯장어

　　주로 구이나 맑은국 등에 많이 쓰이며, 다시마에 싸서 보관했다가 초밥이나 초회 등에도 사용한다.
　　탄력이 없고 물렁거리는 것은 부적합하며 제철은 6월 ~10월이다.

71. 은 어

　　내장도 함께 취식하는 생선이다.
　　구이나 조림, 남방쓰케에 사용되며 사시미로 먹기도 하며, 제철은 6월~10월이다.

72. 가다랑어

　　동공이 뚜렷하고 적색을 띠며 배쪽에는 탄력이 있는 것이 좋다.
　　가쓰오부시를 만드는 재료로 사용되며 제철은 5, 6, 7월이다.

73. 학꽁치

은빛과 흰색이 적절하게 조화를 이루고 이물질이
밖으로 돌출되지 않은 것이 상품이다.

초밥, 회, 구이 등에 쓰이며 3~5월이 제철이다.

74. 가자미

구이나 조림, 튀김 등에 많이 쓰인다.

3월~5월이 제철이다.

75. 연 어

살과 알로 분리되어 판매된다.

훈제하여 사용하기도 하지만, 연어알은 상품의 가치가 있
는 식품으로 널리 알려져 있다. 냉동하여 장기간 보존이 가
능하다.

76. 정어리

은빛이 나고 껍질에 상처가 없는 것을 고른다.

일본에서는 말린 다음 다시를 만들어 쓰기도 한다.

77. 광어

초밥이나 생선회에 많이 쓰인다.

자연산은 배쪽이 백색을 띠고 양식은 무

늬가 있는 것이 다르다.

제철은 10월~11월로 구이나 조림으로도 사용이 가능하다.

78. 새조개

제철은 11월~3월이다.

초밥이나 초회로 많이 쓰인다.

1. 모로미소(もろみそ)

콩과 밀을 섞어 만든 된장의 일종으로 야채를 먹을 때 사용된다.

2. 차소바(茶そば)

맛차가루를 섞어 만든 메밀국수를 말한다.

3. 낫토(納豆)

우리나라의 청국장과 비슷하다. 콩을 삶아 띄워 놓은 것 : 진간장, 겨자, 실파 등과 함께 다져 사용한다.

4. 덴가쿠미소(田樂みそ)

가쓰오다시, 미림, 설탕 등을 넣어 만든 된장이다.

5. 유리네(百合根)

백합뿌리, 삶은 다음 체에 내려 만두 등을 만들 때 사용한다.

6. 고나산쇼(紛山椒)

산초가루, 산초열매를 갈아 만든 것으로 장어구이나 된장국 등에 사용한다.

7. 도사카노리(どさかのり)

해초를 말하는데 청색, 백색, 적색이 있다. 초회나 사시미를 담을 때 많이 사용한다.

8. 모주쿠(水雲)

아주 가는 해초로 사용시에는 살짝 데쳐서 사용한다.

9. 곤부(昆布)

다시마를 말하는데 길이가 길고 폭이 넓으며 염분이 많이 묻어 있는 것이 상품이다.

10. 미쓰바(三ツ葉)

잎이 3개 달린 향신료를 말하며 향기가 진하기 때문에 국물요리에 고명으로 놓아낸다.

11. 준사이(蓴茱)

맑은 호수나 연못에서 자생하는 다년생 수초로서 물 위에 뜬다. 맑고 투명한 우무질로 감싸져 있다. 어린잎은 따서 식초를 가미한 물에 보관하였다가 취식시에는 살짝 데쳐 사용한다.

12. 오오바(大葉)

향기가 진한 것이 특징이며 생김새가 깻잎과 비슷하다. 사시미 모리나 데마키 등을 할 때 사용한다.

13. 유바(湯葉)

콩을 갈아서 끓일 때 거품과 함께 사용한다. 엉기는 것을 약간 건조시켜 부드럽게 만든 것을 말한다.

14. 게시노미(げしの實)

양귀비씨를 말려 놓은 것이며, 그이요리에 뿌려 맛을 돋운다.

15. 시라이다 곤부(白板昆布)

무침요리에 많이 사용하고, 다시마를 대패밥처럼 얇게 깎아 놓은 것이다.

16. 이도가키(絲家喜)

가쓰오부시를 실처럼 가늘게 깎아 놓은 것으로 무침요리의 고명으로 놓아낸다.

17. 우메보시(梅干し)

매실을 말하는데 소금에 절였다가 적색을 내어 상품화한다.

18. 시치미 도우가라시(七味唐辛子)

고춧가루, 산초, 검정깨, 흰깨, 김, 양귀비씨, 풋고추가루 등 7가지 조미료를 섞어 만든 다음 우동 등을 취식할 때 사용한다.

19. 야마이모(山芋)

산마를 말하는데 주로 갈아서 식욕촉진제나 찜요리 등에 많이 쓰인다.

20. 구즈코(葛粉)

칡가루를 말하는데 전분과 같은 작용을 한다.

4. 조리기구 설명

1. 한기리(半切綾)

초밥을 섞을 때 사용하는 둥그런 나무통을 말한다.

2. 오도시부다(落としぶた)

나무 뚜껑을 말한다.

3. 우스이다(薄板)

나무를 종이처럼 얇게 깎아 말려 놓은 것.
튀김이나 과일을 담을 때 모양을 내거나 사시미를 보관할 때 등 다양하게 사용한다.

4. 쓰리바치(す綾鉢)

산마 등을 갈 때에 사용하며, 나무 방망이로 간 다음 마무리를 한다.

5. 오로시가네(おろし金)

강판을 말한다. 와사비나 무 등을 갈 때 사용한다.

6. 나가시캉(流し企)

스테인레스로 된 사각팬으로 찜요리를 할 때 사용한다.

7. 우로코히기(うろこ引き)

생선 비늘치는 기구.

8. 오시바코(押し箱)

상자초밥 틀을 말한다.

9. 메우지(目うち)

장어나 아나고를 잡을 때 도마에 고정시키는 송곳.

10. 호네누기(骨拔き)

가시를 뽑을 때 사용하는 족집게.

11. 오시가다(押し型)

밥을 찍는 틀.

12. 마키스(卷きす)

김밥말이용 대나무발.

13. 우라고시기(裏男器)

고운 채로 여러 가지 재료를 나려 사용하기도 하고 다시를 거를때도 이용한다.

14. 소쿠리

물기를 뺄 때 사용한다.

15. 구시(串)

대나무와 쇠로된 꼬챙이를 말하며 구이요리에 쓰인다.

16. 누키이다(拔き型)

다양한 형태로 된 틀을 말하며 재료를 찍어 모양 있게 사용한다.

17. 우치누키(打ち拔き)

오이를 반으로 갈라 씨를 제거할 때 사용 하는 기구.

18. 구리누키(票拔き)

주재료를 동그랗게 파낼 때 쓰는기구.

19. 이치몬지(一文字)

스테인리스로된 기구로 생선을 구울 때 부서지지 않게 뒤집는 작업에 쓰인다.

20. 무시캉(蒸し企)

찜통.

21. 다케바시(竹著)

대나무 젓가락.

22. 샤쿠시(しゃくし)

조리용 국자.

23. 사카나 가케가네(魚掛金)

생선의 피를 빼거나 기타의 작업시 사용되는 쇠 갈쿠리.

24. 가이와리(見割り)

조개류를 깔 때 사용하는 기구.

25. 야키아미

여러 가지 재료를 구울 때 사용되는 석쇠.

26. 모리바시(盛綾著)

사시미를 접시에 담을 때 사용하는 쇠젓가락.

27. 덴시(天紙)

튀김을 담을 때 밑에 까는 종이. 주로 한지를 많이 사용한다.

28. 마키야키나베(卷燒鍋)

계란말이를 할 때 사용하는 철로된 팬.

29. 가미부다(紙著)

조림요리를 할 때 한지나 기름종이로 덮어 소스가 골고루 스며들게 할 때 쓰는 종이.

30. 쓰케모노 다루

야채를 절일 때 사용하는 나무통.

■ 약 력

경희 호텔대 조리과 졸업
초당대학교 조리 과학과 졸업
순천향대학교 산업정보대학원 석사

■ 조리관련 해외연수

· 일본 삿포로 르네상스 호텔 연수
· 일본 국제 호텔 연수
· 일본 나고야 르네상스 호텔 연수
· 일본 동경 드레건 스테이크 하우스 연수
· 일본 시코쿠 다케시마 스시점 연수
· 태국 오리엔탈 호텔 연수
· 게이오 플라자 호텔 연수

■ 조리경력

· 르네상스서울호텔 조리팀장
· 힐튼호텔, 현대호텔 근무
· 김포대학, 안양과학대학 외래교수
· 강릉영동대학, 오산대학 겸임교수
· 혜전대학, 수원여자대학 외래강사
· 한국호텔관광전문학교 교수
· 현 초당대학교 조리과학부 교수
· 현 국가공인 조리기능장
· 현 조리기능장, 복어, 조리기능사 시험 감독검토위원
· 현 국가기술자격정책심의위원
· 현 서울국제요리대회심사위원
· 현 전국기능경기대회심사위원
· 현 한국조리개발 계좌제 평가위원
· 현 직업능력개발 계좌제 평가위원
· 현 전남발전연구위원

개정판 **정석일본요리**

2002년 11월 30일   초판 발행
2005년   5월 20일   개정판 발행
2012년   2월 6일   2개정판 발행

지 은 이 • 서 재 실

발 행 인 • 김 홍 용

펴 낸 곳 • **도서출판 효 일**

주   소 • 서울특별시 동대문구 용두2동 102-201

전   화 • 02)928-6644~5

팩   스 • 02)927-7703

홈페이지 • www.hyoilbooks.com

등   록 • 1987년 11월 18일 제6-0045호

무단복사 및 전재를 금합니다.

값 29,000원

ISBN 89-8489-037-5